Bienen weide

Prof. Dr. Günter Pritsch

**Länderinstitut für Bienenkunde
Hohen Neuendorf**

KOSMOS

Bienenweide – die Grundlage der Imkerei

Bienenweideverbesserung zum Nutzen Aller

Die wirtschaftliche Bedeutung der Honigbiene ist unumstritten und wird in vielen Ländern durch Maßnahmen zur Förderung der Imkerei und zum Schutz der Bienen bestätigt. Mit ansteigendem Lebensniveau und sich verändernden Nahrungsgewohnheiten steigt der Bedarf an hochwertigen, gesundheitsfördernden Nahrungsmitteln, zu denen auch der Honig zu rechnen ist. Zudem hat sich die Erkenntnis allgemein durchgesetzt, dass bei Obst und zahlreichen weiteren Nutzpflanzen nur mit Hilfe von Honigbienen weitgehend sichere Frucht- bzw. Samenerträge zu erreichen sind. Mit dem Ziel der imkerlichen Leistungssteigerung wandern viele Imker in nektarergiebige Trachten. Aus den verschiedensten Gründen ist der Transport von Bienenvölkern jedoch nicht für jeden Bienenhalter möglich oder rationell. Andererseits ist die Bienenhaltung an manchen Standorten wegen Trachtmangels kaum noch Erfolg versprechend. Selbst dort, wo gute Trachtmöglichkeiten vorhanden sind, bestehen häufig auch Trachtlücken. Es ist deshalb stets lohnend, sich mit der Bienenweide zu befassen und mit Maßnahmen der Bienenweideverbesserung die wichtigste Grundlage der Imkerei zu festigen. Schritte zur Verbesserung der Bienenweide stehen meist auch im Einklang mit ökologischen, landeskulturellen und landschaftsgestalterischen Interessen.

Anleitung und Anregung

Das vorliegende Buch soll jedem, der der Bienenweide nicht passiv gegenüberstehen oder sich an Bienen und Blumen erfreuen möchte, als Anleitung dienen, wichtige Bienenweidepflanzen zu erkennen oder kennen zu lernen, und darüber hinaus Anregungen geben, sich mit Hilfe einschlägiger Literatur weitere Pflanzenkenntnisse zum Zweck der Bienenweideverbesserung anzueignen.

Dank

An dieser Stelle möchte ich Herrn Dipl.-Gartenbau-Ing. Hans Joachim Albrecht, Herrn Dipl.-Gärtner Reinhard Höhn für Durchsicht und wertvolle Anregungen danken. Frau Hilke Heinemann und Frau Claudia Salata als Lektorinnen im Kosmos-Verlag danke ich für vielfältiges Entgegenkommen und die erfreuliche Zusammenarbeit.

Günter Pritsch

Inhalt

Sonnenblumen

Orient-Stockrose

Akelei

Zum Gebrauch dieses Buches

Der Inhalt dieses Buches gliedert sich in vier Teile.

Im ersten Teil werden die Grundlagen der Bienenweide behandelt: Bedeutung, Einflussfaktoren, Ermittlungen zum Bienenweidewert, Bestäubungsmechanismen und die Abhängigkeit der Nutzpflanzen von der Fremdbestäubung durch Insekten.

Im zweiten Teil werden auf der Grundlage der Trachtsituation bei den krautartigen Pflanzen sowie bei den Gehölzen Möglichkeiten der Nutzung und Verbesserung der Bienenweide angeführt.

Darüber hinaus werden die Entstehung des Honigtaues und die Entwicklungsrhythmen der verschiedenen Honigtauerzeuger kurz beschrieben.

Im dritten Teil, dem Hauptteil, finden sich Blütenfotografien und Kurzbeschreibungen von 200 Bienenweidepflanzen aus 68 Pflanzenfamilien, größtenteils mit Honigbiene, um ihr Sammelverhalten und das Größenverhältnis von Biene und Blüte aufzuzeigen. Die Pflanzen sind nach den deutschen Namen der Pflanzenfamilien und innerhalb der Familien wiederum nach den deutschen Gattungsnamen alphabetisch geordnet. Ergänzend werden weitere verwandte Bienenweidepflanzen genannt sowie die Farbe der Pollenhöschen angegeben. Diese kann jedoch in Abhängigkeit von der Befeuchtung des Pollens durch die Sammlerin und von der Lichtfarbe unterschiedlich wahrgenommen werden.

Im vierten, dem Serviceteil finden Sie, gegliedert nach krautartigen Gewächsen und nach Gehölzen, umfassende tabellarische Zusammenstellungen der Pflanzen als „Trachtfließbänder". Die Angaben zur Blütezeit sind mit denen zum Nektar- und Pollenwert durch Verwendung von Wertzahlen (siehe unten) kombiniert.

Mit dem Buchstaben „**H**" wird bei Gehölzen die Möglichkeit einer von der Blüte unabhängigen Honigtauspende angegeben. Wenn sich mehrere Arten einer Pflanzengattung in Blütezeit und Bienenweidewert nicht wesentlich unterscheiden, ist häufig nur der Name der Gattung genannt. In Blütezeit und Bienenweidewert übereinstimmende Pflanzengattungen oder -arten sind gemeinsam angeführt. Abhängig von Aussaatbedingungen, Klima und Witterung kann die Blütezeit einer Pflanze von den Angaben in den Tabellen abweichen. Auch Nektar- und Pollenspende schwanken, beeinflusst von Faktoren wie Witterung, Boden, Nährstoff- und Wasserversorgung.

Im Register sind deutsche und botanische Pflanzennamen angeführt und die Seiten angegeben, auf denen die Pflanzen dargestellt und beschrieben (fett gedruckt) bzw. in Tabellen genannt sind. Das Quellenverzeichnis weist auf verwendete und weiterführende Literatur hin. Als Grundlage für die botanischen Pflanzennamen diente ZANDER, Handwörterbuch der Pflanzennamen, 17. Auflage 2002.

Zeichenerklärungen

Wuchsform	Blütenform
⊙ einjährige Pflanze	✿ maximal 4 Blütenblätter
☉ zweijährige Pflanze	
♃ ausdauernde Pflanze (Staude)	✾ 5 Blütenblätter
♄ Halbstrauch	✳ 6 Blütenblätter
♄ Strauch	❀ mehr als 6 Blütenblätter oder Korbblütler
♄ Baum	
	✿ zweiseitig symmetrische Blüten

Wertangaben für Nektar bzw. Pollen
in Verbindung mit der Angabe der Blütezeit
4 = sehr gut   3 = gut   2 = mittel   1 = gering

H = Möglichkeit des Auftretens von Honigtau

Grundlagen der Bienenweide

Die Bedeutung der Bienenweide

Die Bienenweide ist die Ernährungsgrundlage der Bienen. Die Bienen tragen den Blütennektar, der in den als Nektarien bezeichneten Nektardrüsen der Blüten erzeugt wird, oder den durch Pflanzensauger abgesonderten Honigtau in ihrer Honigblase ein. Durch Versetzen mit körpereigenen Stoffen und Eindicken bereiten und bevorraten sie den Bienenhonig als Kohlenstoffhydratnahrung. Der von den Staubgefäßen der Blüten gesammelte, mit Honigblaseninhalt angefeuchtete und in den „Körbchen" der Hinterbeine als Pollenhöschen eingetragene Blütenstaub ist die Eiweißnahrung der Bienen. Nektar und Pollen der insektenblütigen Pflanzen werden im Allgemeinen so dargeboten, dass der Insektenbesuch zur Blütenbestäubung führt. So besteht ein Wechselverhältnis zwischen Bienen und Pflanzen. Das nutzbare Massenangebot an Bienenweide wird als Tracht bezeichnet.

Lückenloses Trachtenfließband

Eine gute Nektar- oder Honigtautracht ist die Grundlage für hohe Honigerträge. Eine ausreichende Pollenversorgung ist für die Erzeugung der Brut und damit für den ständigen Nachschub an jungen Bienen zur Erhaltung leistungsfähiger Bienenvölker notwendig. Sie ist gleichzeitig für die Anlage eines Eiweiß-Fettpolsters zur Überwinterungsfähigkeit der im Spätsommer und Herbst geschlüpften Arbeiterinnen erforderlich. Eine gute Bienenweide gewährleistet als Entwicklungstracht das Heranwachsen starker, ertrags- und bestäubungstüchtiger Bienenvölker und bildet als Massentracht die Grundlage für hohe Honigerträge. Die Bienenweide sollte den Bienenvölkern ununterbrochen als Trachtfließband zur Verfügung stehen. Zumal witterungsbedingt nicht in jedem Jahr alle Bienenweide voll nutzbar ist, sind bei den Imkern die zuverlässigsten Honigerträge zu erwarten, die für die Sicherung eines Trachtfließbandes gesorgt haben. Da Trachtlücken auch Brutrückschläge der Bienenvölker zur Folge haben können, ist es nicht nur im Sinne des Imkers, sondern auch des vorausschauenden landwirtschaftlichen oder gärtnerischen Anbaubetriebes, wenn durch ständiges Vorhandensein von Bienenweide die Leistungsfähigkeit der Bienen als Nektarsammler wie als Blütenbestäuber aufrechterhalten bleibt.

Einflussfaktoren auf die Bienenweide

Boden

Der Anbau und das Gedeihen der verschiedenen Bienenweidepflanzen setzen bestimmte Bodenverhältnisse voraus. Auch die Nektar- und Pollenspende der Pflanzen wird durch den Boden beeinflusst. Boden ist die oberste belebte Verwitterungsschicht der festen Erdrinde, die die Bewurzelung der Pflanzen ermöglicht und als Nährstoffquelle dient. Er

Pflanze (Weiße Waldrebe) und Biene sind aufeinander angewiesen: Die eine spendet Nahrung, die andere leistet dafür „Bestäubungsdienste".

besteht etwa je zur Hälfte aus festen Teilchen unterschiedlicher Größe und aus ebenfalls verschieden großen Hohlräumen, in denen sich die Bodenlösung – Wasser und darin gelöste Stoffe – und die Bodenluft befinden. In den meisten Böden, außer Moorböden, überwiegen die festen mineralischen Bestandteile gegenüber Anteilen an organischer Substanz. Diese wird als Humus bezeichnet und ist ein komplexes Gemisch lebender und abgestorbener Pflanzenteile und Tiere sowie neu gebildeter organischer Verbindungen (Huminsäuren). Im Boden befinden sich zahlreiche Bodenlebewesen, vor allem Mikroorganismen und niedere Tiere. Der Boden steht in ständigem Stoffaustausch besonders mit der Vegetation. Das Ausgangsmaterial für die landwirtschaftlich genutzten Böden bilden vor allem Löß, Geschiebemergel, Sande und Auenlehme. Mit dem Gebrauchswert des Bodens steigt auch die Qualität der angebauten Bienenweidpflanzen als Nektar- und Pollenspender.

Die Bodeneigenschaften

Die Bodeneigenschaften werden weitgehend durch die Korngrößenzusammensetzung, den Mineralbestand und den Schichtenbau bestimmt. Je nach dem Gehalt an den Korngrößen Sand, Schluff und Ton werden Bodenarten unterschieden.

Sande, Anlehmsande, lehmige Sande und Tieflehme zählen zu den leichten Böden. Reine Sandböden werden meist forstlich genutzt. Nur bei ausreichender Wasserversorgung sind sie landwirtschaftlich und gärtnerisch nutzbar. Anlehmsande können bei Vorkommen von Wildpflanzen in Roggen und Kartoffeln etwas Bienenweide aufweisen. Maisanbau kann Pollen- und bei Befall mit Pflanzensaugern auch Honigtautracht bieten. Unter den geeigneten Zwischenfruchtfutterpflanzen kommen als Bienenweide Serradella, Lupine (Pollenspender) und Phacelia in Betracht.

Tieflehme und lehmige Sande sind bei Zufuhr von Wasser und Nährstoffen einschließlich organischer Substanz für fast alle Fruchtarten geeignet.

Sandige Lehme, Lehme und Lößböden sind auf Grund eines hohen Wasser- und Nährstoffspeichervermögens und einer guten Wasserbeweglichkeit vielseitig nutzbar. Als mittlere Böden eignen sie sich zum Anbau aller Fruchtarten einschließlich aller Bienenweide-Nutzpflanzen, wie Leguminosen, Raps sowie zum Obstanbau.

Tonige Lehm- und Tonböden werden wegen ihrer schwierigen Bearbeitbarkeit als schwere Böden bezeichnet. Sie sind nährstoffreich, aber luftarm, vernässen leicht und erwärmen sich schwer. Auf schweren Böden werden bevorzugt Mähdruschfrüchte angebaut, darunter als Bienenweidepflanzen Ackerbohnen und Sonnenblumen.

Pflanzennährstoffe

Die Aufnahme von Pflanzennährstoffen ist Voraussetzung für das Leben der Pflanze. Aus Nährstoffen und Energie produziert die Pflanze die organische Masse. Nährstoffe sind die durch die Pflanze aufnehmbaren chemischen Verbindungen der Nährelemente. Zu den in größerer Menge benötigten Elementen gehören als die Grundbausteine aller organischen Verbindungen Kohlenstoff, Wasserstoff und Sauerstoff.

Einer der wichtigsten Pflanzennährstoffe ist **Stickstoff.** Der freie Luftstickstoff wird der Pflanze nur über die Tätigkeit von Bakterien einschließlich Knöllchenbakterien der Leguminosen und in geringem Maße aus den Niederschlägen zugänglich. Den größeren Teil nimmt die Pflanze in gelöster Form aus dem Boden auf. Stickstoff ist Bestandteil aller eiweißartigen und anderer Pflanzenstoffe wie Chlorophyll, Lecithin, Nukleinsäuren und Enzyme. Stickstoffmangel hat schwachen Wuchs, helle Farbe und Notreife zur Folge.

Auch **Phosphor** ist ein Hauptwuchselement und findet sich im Sameneiweiß, in Nukleinsäuren, Nukleoproteiden, Lecithin usw. Er beeinflusst viele Lebensvorgänge wie Zellteilung, Atmung, Chlorophyllbildung und Betriebsstoffwechsel, ferner die Blüten- und Samenbildung und somit die Nutzbarkeit der Pflanze als Bienenweide.

Kalium befindet sich in der Pflanze an Stellen intensiver Tätigkeit, so im assimilierenden Gewebe bei Blüten und Früchten. Es wirkt auf die Assimilation (Angleichung der aufgenommenen Stoffe an die vorhandenen Stoffe in der Pflanzenzelle). Kalium erhöht den Zuckergehalt und hat somit einen maßgeblichen Einfluss auf die Nektarsekretion und -qualität, ferner auf die Eiweißbildung.

Eine gute Nährstoffversorgung beeinflusst Blütenbildung und Nektarproduktion (Holländische Linde).

Kalzium beeinflusst die Pflanze über die Bodenreaktion und ist mitverantwortlich für die Tätigkeit des Syntheseapparats. **Schwefel** ist als Bestandteil der Eiweiße unentbehrlich. **Chlor** hat durch Erhöhung des osmotischen Wertes einen günstigen Einfluss auf den Wasserhaushalt der Pflanze und somit auch auf die Nektarbildung. **Magnesium** ist ein wichtiger Baustein des Chlorophylls. Die Photosynthese, im Zusammenhang damit auch die Nektarzuckerbildung, ist maßgebend von der Magnesiumversorgung der Pflanze abhängig. Magnesiummangel äußert sich in geringem Zucker- und Stärkegehalt der Pflanzen und führt zu Reifeverzögerung. **Eisen** wird zwar in nur geringer Menge benötigt, ist aber für die Chlorophyllbildung unentbehrlich. Zu den ebenfalls notwendigen Spurenelementen gehören **Mangan, Zink, Kupfer und Bor.**

Klima und Jahreswitterung
Temperatur

Unter den klimatischen Umweltfaktoren hat die Temperatur für die Pflanze die größte Bedeutung. In Wechselwirkung mit Licht, Luft und Wasser regelt sie die Tätigkeit der lebenden Pflanze von der Keimung bis zur Reife. Die Vegetationsverhältnisse entscheiden auch über die Anbaumöglichkeiten der verschiedenen Pflanzen. Durch den Temperaturverlauf wird der Entwicklungsrhythmus und damit die Blütezeit beeinflusst. So kommen die Bienenweidepflanzen im Norden unseres Landes, zum Beispiel der Raps, später zum Blühen, da das Seeklima niedrigere Frühjahrs- und Sommertemperaturen mit sich bringt. Da auch mit steigender Höhenlage die Temperaturen absinken – im Jahresmittel je 100 m um 0,5 °C – trifft die Verzögerung der Blütezeit auch für Berglagen zu. Die abnehmenden Temperaturen bestimmen mit Verkürzung der Vegetationszeit schließlich die Höhengrenzen für den Anbau der einzelnen Kulturpflanzen einschließlich der Bienenweidegehölze.

Im Zusammenhang mit der Licht- und Kohlenstoffdioxidzufuhr wird auch die Assimilation der Pflanzen und damit die Nektarbildung der Blüten über die Temperatur beeinflusst. Das Temperaturoptimum liegt bei den verschiedenen Pflanzen zwischen 15 °C und 30 °C, im Allgemeinen bei 20 °C bis 25 °C. Vom Raps als der Pflanze des maritimen Klimas ist bekannt, dass er bereits bei Temperaturen um 15 °C Nektar absondert.

Strahlung

Die Sonnenstrahlung ist die Energiequelle der grünen Pflanzen. Große Teile dieser Strahlung werden von der Atmosphäre verschluckt. Die Lichtstrahlung, auf die etwa 50 Prozent der Globalstrahlung entfallen, bewirkt den Grundvorgang der Assimilation. Daneben beeinflusst sie Bewegung, Formbildung und räumliche Anordnung der Organe.

Die Goldrute „honigt" nach ausgiebigen Niederschlägen meist besonders gut.

Entscheidend sind sowohl Intensität als auch Dauer der Belichtung. Durch reichliche Belichtung werden Verzweigung, Blüten- und Fruchtbildung, Ausbildung von Geschmacks- und Inhaltsstoffen – auch die Nektarbildung -, die Verholzung und die Standfestigkeit der Pflanzen gefördert. Manche Pflanzen, die in der Nähe des Äquators beheimatet sind, kommen nur bei kurzer, weniger als 14 Stunden während der Tagesdauer zum Blühen (Kurztagspflanzen). Bei längerer Belichtung entwickeln sie ein üppiges Vegetationswachstum, ohne zu blühen. Das sind zum Beispiel Braunelle, Hanf, Kopfkohl, Mais, Tabak und Topinambur. Umgekehrt verhält es sich bei den Langtagspflanzen, die aus Gebieten längerer Tagesdauer

(Europa, Nordasien) stammen. Hierher gehören zum Beispiel Lein, Möhren, Rotklee und Senf. Zwischen beiden Extremen liegen die tagneutralen Pflanzen wie Raps, Sonnenblume, Phacelia und Bauerntabak.

Auch gegenüber der Gesamtwirkung der Belichtungsverhältnisse verhalten sich die verschiedenen Pflanzenarten unterschiedlich. So bevorzugen Luzerne, Lupine und Zwiebel große Sonnenscheindauer. Sonnenliebende Pflanzen sind Götterbaum, Bartblume, Fingerhut und Tamariske. Schattenverträglich sind zum Beispiel Buchsbaum, Heckenkirsche, Mahonie und Wilder Wein.

Gute Lichtverhältnisse – also nicht zu trübes Wetter – wirken sich auf die Intensität des Bienenfluges günstig aus; die Tracht wird durch die Bienen besser genutzt.

Wasser

Das Wasser hat große Bedeutung für den Stoffwechsel der Pflanzen. Es ist zu 80 bis 90 Prozent in der Pflanze enthalten und gewährleistet Gewebespannung, Nährstoffaufnahme, Stofftransport und Wärmehaushalt. Das Wasser gelangt vorwiegend über die Niederschläge, einschließlich Tau, zum Teil aus dem Grundwasser zur Pflanze.

Die Wasserversorgung der Pflanzen beeinflusst ihren Wert als Bienenweide. Voraussetzung für eine reichliche Nektarspende ist zunächst die kräftige Entwicklung der Pflanzen auf Grund optimaler Nährstoffversorgung, ferner eine ausreichende Durchfeuchtung des Bodens. Auch die Luftfeuchtigkeit spielt eine Rolle. Während die Nektarspende bei hoher Luftfeuchtigkeit sowie günstigen Temperatur- und Lichtverhältnissen hoch ist, versiegen die Nektarquellen bei austrocknenden Winden, besonders bei Pflanzen mit Blüten, deren Nektar frei liegt, zum Beispiel Raps. Häufige Niederschläge während der Blüte in Verbindung mit niedrigen Temperaturen und ungünstigen Lichtverhältnissen können die Tracht „verregnen" lassen.

Bei Kälteeinbrüchen im Frühjahr bleiben die Trachten früh blühender Weiden oft ungenutzt.

Klimatypen

Innerhalb unseres warm-gemäßigten Klimas können bestimmte Klimatypen unterschieden werden.

Das maritime Klima der Küstenstreifen wird durch die ausgleichende Wirkung des Wassers bedingt. Die wichtigsten Kennzeichen sind langsame Erwärmung sowie weniger Frost- und Dürreschäden. Das führt zu späterem Blühbeginn, größerem Massenwuchs der Pflanzen und reichlicher Nektarspende. Der Zwischenfruchtanbau wird begünstigt. Die angebauten Bienenweidepflanzen der Küstengebiete sind Raps, Ackerbohne und Rotklee. Im Gegensatz dazu steht **das kontinentale Klima**, von dem in gewissem Umfang die mittleren Gebiete beeinflusst werden. Der phänologische Hochsommer tritt früher ein. Der Massenwuchs der Pflanzen ist – bei höherem Gehalt an Trockenmasse, Eiweiß und Zucker – geringer. Blüte- und Erntezeit liegen früher. Der Zwischenfruchtanbau ist erschwert. In diesem Klima werden als Bienenweidepflanzen Luzerne, Lupine sowie zur Samengewinnung Zier-, Heil- und Gewürzpflanzen angebaut. An Gehölzen spielen hier Robinien und Linden eine Rolle.

Als höhenbedingtes Klima ist **das Gebirgsklima** zu bezeichnen. Mit steigender Höhenlage nimmt die Mitteltemperatur ab. Die Jahresschwankungen sind geringer. Die Niederschlagsmengen nehmen zu. Der Winter dauert länger an. In den Wäldern werden vor allem die Himbeertracht, unter günstigen Bedingungen auch die in den Höhenlagen besonders ergiebige Honigtautracht der Nadelgehölze genutzt.

Witterungseinflüsse

Gegenüber dem Klima, das als statistischer Mittelwert des Witterungsablaufes vieler Jahre anzusehen ist, sind die Jahresschwankungen der einzelnen Klimawerte an ein und demselben Standort erheblich. Die Pflanzen reagieren auf die Witterungseinflüsse unterschiedlich. So haben auch die einzelnen Pflanzenarten in Jahren verschiedener Witterung als Trachten unterschiedliche Bedeutung. Den größten Einfluss hat die Wärmeversorgung. In **Dürrejahren** können verschiedene Trachten wegen mangelhafter Pflanzen- und Blütenentwicklung ganz versagen oder infolge unzureichender Wasserversorgung des Bodens, verbunden mit geringer Luftfeuchtigkeit, nur wenig Nektar ergeben. Hingegen finden in trockenen Jahren die Pflanzensauger oft günstige Bedingungen, so dass Honigtauspende auftreten kann. In **Nässejahren** hingegen kommt es zu üppigem Pflanzenwuchs und in Verbindung mit geringer Sonnenscheindauer zu geringer Blütenbildung. Nach reichlicher Wasserversorgung des Bodens und hoher Luftfeuchtigkeit kann es aber bei günstiger Witterung während der Blüte zu reichlicher Nektarerzeugung kommen. Das Heidekraut und die Goldrute honigen meist besonders gut nach vorangegangenen ergiebigen Niederschlägen.

Starke Kahlfröste oder lang anhaltende **verkrustete Schneedecke** können bei Raps zu Auswinterungsschäden führen. Trachtschädigungen sind bei einer Anzahl von Bienenweidepflanzen auch bei späten **Kälteeinbrüchen** zu erwarten. So können die Knospen zum Bei-spiel von Obstgehölzen und besonders von Robinien, seltener Linden, durch Spätfröste erfrieren und zu Trachtausfall führen. Frühe Trachten von Hasel und Weiden müssen bei Kälterückschlägen oft ungenutzt bleiben. Aus diesem Grund ist besonders bei Weiden die Anpflanzung mehrerer hintereinander blühen-der Arten zu empfehlen.

Bienenweidewert und Trachtbedeutung

Der Bienenweidewert einer Pflanze gibt Aus-kunft über die Menge und Qualität von Nektar und Pollen, die den Bienen durch die Pflanzen geboten werden. Unter der Trachtbedeutung ist das Ergebnis der Wechselwirkung von Verbrei-tung (Anzahl) und Bienenweidewert der vor-handenen Pflanzen zu verstehen. So kann die Trachtbedeutung bestimmter Pflanzen trotz hoher Nektar- oder Pollenspende bei geringem Vorkommen niedrig sein, während anderer-seits Arten bei nur mäßigem Bienenweidewert aber massenhaftem Vorkommen eine relativ hohe Trachtbedeutung erlangen können.
Zum Bestimmen des Bienenweidewerts und der Trachtbedeutung können unterschiedliche Methoden angewendet werden. Auf Grund der verschiedenen Umwelteinflüsse ist vor einer Verallgemeinerung der erzielten Ergebnisse die wiederholte Untersuchung möglichst an verschiedenen Standorten und nach verschie-denen Methoden empfehlenswert. Das trifft besonders für den Nektarwert zu.

Nektaruntersuchungen

Die exakteste Methode zum Bestimmen des Bienenweidewerts von Nektarspendern ist die Untersuchung des Blütennektars, der durch Absaugen mit Hilfe von Kapillarröhrchen ge-wonnen werden kann. Wichtig für die Attrakti-vität der Pflanze auf die Bienen ist der prozen-

Bis in den Herbst hinein blüht die Besenheide und spendet Nahrung für die Bienen.

tuale Zuckergehalt des Nektars, selbstverständ-lich bedingt durch den Blütenbau auch dessen Erreichbarkeit. Häufig wird die Tagesproduk-tion einer Blüte nach Menge und Zuckergehalt des Nektars ermittelt und in Zuckerwerten aus-gedrückt. Die Blütenanzahl je Pflanze und die Pflanzenanzahl je Flächeneinheit, ferner die Blühdauer der einzelnen Blüten sind jedoch artbedingt sehr unterschiedlich. Deshalb wird häufig auch der theoretische Honigertrag je Hektar errechnet.
In *Tabelle 1* (S. 132) sind die Ergebnisse von Nektaruntersuchungen vieler Autoren aus ver-schiedenen Ländern zusammengestellt. Wie-dergegeben werden – soweit ermittelt – der Zuckergehalt des Nektars als Maßstab der Attraktivität sowie der Honigertrag je Hektar.

Beflugsbeobachtungen

Eine weitere Möglichkeit zur Untersuchung des Bienenweidewertes ist die Beobachtung des Befluges. Es kann der Beflug durch Nektar- und durch Pollensammler ermittelt werden. Dazu eignen sich besonders geschlossene Bestände von Nutzpflanzen, in denen auf einer oder mehreren abgesteckten Parzellen während der Blütezeit mehrmals täglich die Anzahl der zufällig angetroffenen oder in einem bestimmten Zeitraum anfliegenden Bienen gezählt werden. Daraus lässt sich der durchschnittliche Bienenbeflug je Hektar errechnen. Aus der Anzahl der von einzelnen beobachteten Bienen beflogenen Blüten je Zeiteinheit kann die Anzahl der von Bienen besuchten Blüten je Zeit- und Flächeneinheit errechnet werden.

Die Beflugsbeobachtung gibt mehr als jede andere Methode Auskunft über die Anziehungskraft, die der Pflanzenbestand auf die Bienen ausübt. Sie besteht vor allem auf Grund des Nektar- und Pollenwertes, wird aber auch durch die Menge der vorhandenen Pflanzen, durch die Anzahl der Bienenvölker im Flugbereich und durch die Attraktivität gleichzeitig blühender Konkurrenzpflanzen beeinflusst.

Pollenanalysen

Die Untersuchung der von den Bienen eingetragenen und mittels Pollenfallen gewonnenen Pollenhöschen auf ihre Herkunft gibt Aufschluss über die Zusammensetzung der Pollentracht. Da jedes Bienenvolk bestimmte Pollenarten in unterschiedlichem Maße bevorzugt, ist es empfehlenswert, Pollenproben von mehreren Völkern zu untersuchen. Auch in den von Honigbienen eingetragenen Nektar und damit in den Honig gelangen gewisse Pollenmengen. Durch Zentrifugieren des verdünnten Honigs und Untersuchung des Sediments können die gequollenen Pollen nach ihrer Form bestimmt und prozentual ausgezählt werden. Je nach Pflanzenart finden sich jedoch sehr unterschiedliche Pollenmengen im Honig. So zählen zum Beispiel Raps- und Edelkastanienhonige zu den pollenreichen, Robinien-, Linden- und Luzernehonige zu den pollenarmen Honigen. Die vorwiegend in Ungarn geernteten Honige der Seidenpflanze (Asclepias) enthalten gar keine Pollen des Haupttrachtspenders. Folglich kann die prozentuale Pollenbestimmung in den zumeist gewonne-

nen Mischhonigen zu Fehlschlüssen führen. Unter Berücksichtigung des absoluten Pollengehalts der reinen Sortenhonige, der im Ergebnis von Auszählungen bei einer Anzahl bedeutender Bienenweidepflanzen bekannt ist, sind deshalb Korrekturen vorzunehmen, wenn die Analyse der Pollen im Honig zur Untersuchung der Trachtbedeutung herangezogen werden soll. Abgesehen von den Haupttrachten bevorzugen die Bienenvölker eines Standortes die verschiedenen Nebentrachten in unterschiedlichem Maße.

Waagstockbeobachtungen

Die Waagstockbeobachtung gibt dem Imker Auskunft über die Gewichtsveränderung eines oder mehrerer Bienenvölker im Verlauf einer Tracht oder eines Zeitraums. Dabei können die Zu- und Abnahmen nicht nur auf den zu erntenden Honig bzw. aufgezehrten Vorrat, sondern auch auf die Vergrößerung oder Verkleinerung des Brutnestes und des Pollenvorrats zurückgeführt werden. Um die Beteiligung der verschiedenen Bienenweidepflanzen einschätzen zu können, sind auch deren Vorkommen und Blühverlauf zu ermitteln. Viele Imker üben die ehrenamtliche Funktion des Waagstockbeobachters aus und verbinden diese Tätigkeit mit phänologischen und Wetter-Beobachtungen. Die im Rahmen der Imker-Landesverbände erfassten Ergebnisse werden in den regelmäßig veröffentlichten Berichten des imkerlichen Beobachtungswesens mitgeteilt.

Bienen und Blüten

Bau der Blüten und Bestäubungsmechanismen

Die Blüten zahlreicher Pflanzen sind zu Blütenständen mit unterschiedlichem Aufbau vereinigt *(Tabelle rechts).*

Blütenbau

Die aus Kelchblättern, Blütenblättern, Staubblättern und Fruchtblättern bestehenden Blüten sind bei den verschiedenen Pflanzenfamilien unterschiedlich gebaut, während sich die
Blüten innerhalb der Pflanzenfamilien meist
ähneln.

Alle Samenpflanzen besitzen Blüten. Die Staubblätter der Blüten bestehen aus dem Staubfaden
und dem Blütenstaub (Pollen) erzeugenden
Staubbeutel. Die Fruchtblätter erzeugen die
Samen. Sie sind bei den Bedecktsamern zu
Fruchtknoten verwachsen. Der Fruchtknoten
enthält einen oder mehrere Griffel. An dessen
Ende befindet sich die unterschiedlich gestaltete
ein- oder mehrteilige Narbe.

Bestäubungsmechanismen

Wie der Blütenbau, so ist auch die Vorrichtung
der Blüte für ihre Bestäubung sehr unterschiedlich. Unter Bestäubung versteht man die

Besonders auffällige Blüten zeigen die beliebten
Clematis-Hybriden.

Verschiedene Blütenstände bei Samenpflanzen		
Bezeichnung	**Aufbau**	**Beispiel**
Traube	verlängerte Hauptachse, gestielte Blüten, unverzweigte Blütenstiele	Raps
Ähre	verlängerte Hauptachse, zahlreiche ungestielte Blüten	Wegerich
Kätzchen	ährenähnlich mit oft hängender Hauptachse	Haselnuss
Rispe	zusammengesetzte Traube; die der Hauptachse seitlich ansitzenden Seitenachsen sind mehrblütig und verzweigt	Rosskastanie
Dolde	oben verkürzte Hauptachse; die Blütenstiele entspringen einem Punkt	Kirsche
Doppeldolde	Dolde, bei der jede Seitenachse wiederum mit einer kleineren Dolde, dem Döldchen, endet	Möhre
Scheintraube	Traube, bei der die von unten nach oben aufeinander folgenden Blütenstiele kürzer werden, so dass die Blüten in einer Ebene liegen	Schleifenblume
Scheinrispe	Traube, bei der die Blüten in einer Ebene stehen	Eberesche
Kopf	zahlreiche Blüten, die ungestielt oder kurz gestielt gedrängt auf dem Boden der Hauptachse sitzen	Grasnelke
Korb	Kopf mit zahlreichen Blüten, die auf dem meist scheibenförmig verbreiterten Ende der Hauptachse, dem Korbboden, stehen und von Hüllblättern umgeben werden	Sonnenblume

Übertragung von Pollen auf die Narbe als Voraussetzung für die Befruchtung. Manche Pflanzen können ohne Befruchtung Samen ausbilden; andere werden teilweise oder ausschließlich durch Selbstbestäubung befruchtet. Bei zahlreichen Pflanzen ist nur Fremdbestäubung – die Übertragung des Pollens von einer Blüte, Pflanze oder (bei Obst) einer anderen Sorte – erfolgreich. Die Fremdbestäubung erfolgt entweder durch den Wind (z. B. Haselnuss) oder durch Insekten. Insektenblüten sind häufig lebhaft gefärbt, auffällig gezeichnet oder sondern außer Nektar Duftstoffe ab und locken so die Insekten an. Unter den Bestäuberinsekten sind vor allem Bienen (Honigbienen und Wildbienen einschließlich der Hummeln) imstande, sich den verschiedenen Blütenformen anzupassen und die Blüten zu bestäuben. Einige Beispiele verschiedener Bestäubungsmechanismen werden im Folgenden beschrieben.

Ein häufiger Vertreter der Schmetterlingsblütengewächse: der Weißklee.

Kreuzblütengewächse wie hier der Hederich zeigen relativ einfach gebaute Blüten.

Kreuzblütengewächse (*Brassicaceae*)

Viele Nutzpflanzen und Wildkräuter gehören dieser Familie an. Die Blüte des Rapses mit seiner größten Trachtbedeutung möge als Beispiel dienen. Wie alle Kreuzblütengewächse besitzt die Rapsblüte vier Kelchblätter, die mit vier kreuzweise gestellten Blütenblättern abwechseln. Von den sechs Staubblättern sind zwei kürzer als die vier anderen. Der lang gestreckte Fruchtknoten trägt auf dem Griffel eine knopfförmige Narbe. Am Grunde der zwei kurzen und zwei Paar langen Staubgefäße befinden sich vier grüne Nektardrüsen (Nektarien). Nur die am Grunde der beiden kurzen Staubgefäße liegenden Nektarien sondern reichlich Nektar ab und werden von den Bienen genutzt.

Die Honigbiene setzt sich beim Anflug auf ein Blütenblatt und schiebt ihren Rüssel zwischen ein kurzes Staubgefäß und den Stempel zum Nektarium vor. Dabei streift sie mit ihrer von anderen Blütenbesuchen her pollenbeladenen Stirn die Narbe und bestäubt diese. Während des Saugvorgangs streift die Biene mit ihrer Bauchseite von dem unter ihr befindlichen Staubgefäß Pollen ab. Danach kriecht sie über die Narbe hinweg auf die andere Seite der Blüte und bringt nun mit der Unterseite außer blütenfremdem auch blüteneigenen Pollen auf die Narbe. Während sie den Rüssel zum anderen Nektarium zwischen Fruchtknoten und kurzem Staubgefäß vorstreckt, streift ihre Stirn das zweite Staubgefäß und belädt sich aufs Neue mit Pollen, der nun auf die Narbe der nächsten Blüte übertragen werden kann. Zu den Kreuzblütengewächsen zählen auch Rübsen, Senf, Rettich, Ölrauke und die Kohlarten, unter den Zierpflanzen z. B. Gänsekresse, unter den Wildkräutern z. B. Hederich.

Schmetterlingsblütengewächse (*Fabaceae*)

Zahlreiche Bienenweidepflanzen gehören dieser Pflanzenfamilie an. Charakteristisch für alle von ihnen ist die zweiseitig-symmetrische Blüte mit fünf Kronblättern. Das obere große Blatt ist die Fahne, die beiden seitlichen heißen Flügel. Die beiden unteren Blütenblätter sind im Allgemeinen zusammengewachsen und bilden das Schiffchen. Dieses umschließt Staubgefäße und Griffel, die oft zu einer Röhre oder Säule verwachsen sind. Wenn sich eine Biene auf die Blüte setzt, betätigt sie eine Bestäubungsvorrichtung, die aus einer Klapp-, Schnell-, Pumpen- oder Bürstenvorrichtung bestehen kann.

Klappvorrichtung Sie ist der einfachste Bestäubungsmechanismus. Beim Niederdrücken des Schiffchens treten Stempel und Staubblätter daraus hervor und kommen mit der Unterseite des Insekts (z. B. des Kopfes) in Berührung. Blüten mit einer Klappvorrichtung haben Rot-, Weiß-, Schweden- und Inkarnatklee, Steinklee, Serradella und Esparsette.

Schnellvorrichtung Die zu einer Säule verwachsenen Staubblätter und der Stempel liegen wie eine Feder gespannt im Schiffchen, das durch zwei von den Flügeln ausgehenden Bügeln niedergehalten wird. Wenn ein Insekt beim Eindringen in die Blüte die Flügel herunterdrückt, dann schnellt die Geschlechtssäule aus dem Schiffchen hervor, drückt gegen die Fahne und kommt dabei in enge Berührung mit der Körperunterseite des Insekts. Die ausgelöste Geschlechtssäule kehrt nicht wieder in die ursprüngliche Lage zurück. Blüten mit Schnellvorrichtung besitzen Luzerne, Gelbklee und Ginsterarten.

Pumpvorrichtung Hier schütten die Staubbeutel den Pollen im Inneren der Blüte aus; danach schwellen fünf der zehn Staubfäden keulenförmig an. Wenn nun eine Biene das Schiffchen der Blüte niederdrückt, pressen die Staubfäden wie der Kolben einer Pumpe einen Teil des klebrigen Pollens aus der Blüte hervor und beladen damit das Insekt an der Körperunterseite. Danach kehren die Blütenteile in die ursprüngliche Lage zurück. Wenn der blüteneigene Pollen herausgepumpt und abgeholt ist, wird die Narbe für Blütenstaub empfänglich und kann bei weiteren Blütenbesuchen durch mitge-

Aus den zahlreichen, einzeln stehenden Fruchtknoten entwickelt sich später die „Brombeere".

Wie Apfel und Birne zählt auch die Eberesche zu den Kernobstgewächsen.

brachten Fremdpollen bestäubt werden. Blüten mit Pumpvorrichtung weisen Hornklee, Lupinen und Hauhechel auf.

Bürstenvorrichtung Unter der Narbe befindet sich eine Griffelbürste, auf der die reifen Staubgefäße im Blüteninneren den Pollen abladen. Wenn eine Biene das Schiffchen der Blüte niederdrückt, tritt die Griffelbürste aus der Spitze des Schiffchens hervor und versieht die Körperunterseite des Insekts mit Pollen. Bei späteren Blütenbesuchen wird von der Biene mitgebrachter Blütenstaub mit der Bürste abgestreift. Schmetterlingsblüten mit Bürsteneinrichtung haben Wicken, Ackerbohne, Platterbse, Robinie und Glyzine.

Rosengewächse (*Rosaceae*)

Viele Bienenweidepflanzen gehören zu dieser Familie. Ihre Blüten besitzen je fünf Kelch- und Blumenblätter. Die Blüten von Kernobst-, Steinobst- und Rosengewächsen sind jedoch jeweils unterschiedlich gebaut.

Kernobstgewächse Der aus fünf Fruchtblättern bestehende Fruchtknoten ist mit dem Blütenboden verwachsen und wird deshalb als unterständig bezeichnet. Aus dem Blütenboden ragen fünf Griffel hervor. Um die Griffel stehen im Kreis etwa 20 Staubblätter. Zwischen Griffel und Staubfäden befindet sich eine ringförmige Nektardrüse. Insekten, die zum Nektar vordringen wollen, und Pollensammler kommen beim Blütenbesuch mit Narben und Staubgefäßen in Berührung. Zu den Kernobstgewächsen zählen Apfel, Birne, Weißdorn, Eberesche und Mispel.

Steinobstgewächse Der Fruchtknoten besteht aus nur einem Fruchtblatt. Er steht frei auf dem Grunde des becherförmigen Blütenbodens und heißt deshalb oberständig. Die Nektarien der Steinobstgewächse sind an der Innenwand des Blütenkelches verteilt. Insekten, die aus der Tiefe der Blüte den Nektar holen oder Pollen sammeln, kommen mit den zahlreichen Staubgefäßen sowie mit der Blütennarbe in Berührung und vollziehen die

Bestäubung. Zu den Steinobstgewächsen zählen Kirschen, Pflaumen, Pfirsich und Aprikose.

Rosengewächse Zahlreiche aus je einem Fruchtblatt bestehende Fruchtknoten stehen frei oberständig auf dem Blütenboden. Zwischen den hervorragenden Griffeln und den ebenfalls zahlreichen Staubgefäßen befindet sich ringförmig das Nektarium. Auch hier kommen die Bienen beim Aufsuchen der Nektarien und beim Pollensammeln mit Staubgefäßen und Narben in enge Berührung und vollziehen die erforderliche Fremdbestäubung. Zu den Rosengewächsen gehören Hagebutten- und Edelrosen, Himbeere, Brombeere, Erdbeere und die Fingerkräuter.

Korbblütengewächse (*Asteraceae*)

Unter ihnen gibt es sehr viele Bienenweidepflanzen. Hier sind viele Einzelblüten zu einem Blütenkorb zusammengefasst. Sie blühen nacheinander von außen nach innen ab. Man unterscheidet Arten mit Zungen- und Röhrenblüten und solche, die nur Röhrenblüten oder nur Zungenblüten besitzen.

Die Sonnenblumenblüte: Röhrenblüten, umgeben von einem „strahlenden" Kranz Zungenblüten.

Zungen- und Röhrenblüten Als Beispiel sei die Blüte der Sonnenblume beschrieben. Abgesehen von den am Rande stehenden Zungen- oder Strahlenblüten, die nur dem Anlocken von Insekten dienen, haben die Einzelblüten eine röhrenförmige, unten kugelig erweiterte Blumenkrone, die oben in fünf Zipfel gespalten ist. Am Grunde der Erweiterung sitzen die Fäden der fünf Staubblätter, die zu einer Röhre verwachsen sind. Durch diese schiebt sich der Griffel, dessen beide Narbenäste eng beieinander liegen. Danach öffnen sich die Staubbeutel nach innen, so dass die Röhre mit Pollen angefüllt ist. Der emporwachsende Griffel dringt wie ein Kolben in der Staubbeutelröhre vor und schiebt den Pollen vor sich her. Nun öffnet sich die Blütenkrone. Der Griffel hebt die Staubbeutelröhre heraus und drängt den Pollen aus ihr hervor. An einer wulstförmigen Verdickung am Grunde des Griffels wird Nektar abgesondert, der den unteren Teil der Blütenröhre füllt. Beim Besuch der Blüten durch Insekten wird Pollen mit der Körperunterseite abgestreift. Wenn der Blütenstaub abgeholt ist, spreizen die Äste der Narbe auseinander, die nun durch Nektarsammler mit Pollen der noch im männlichen Stadium befindlichen Nachbarblüten derselben Pflanze oder anderer Pflanzen bestäubt wird. Weitere Vertreter der Korbblütengruppe mit Zungen- und Röhrenblüten sind Topinambur, Goldrute, Pestwurz, Huflattich, Sonnenhut, Astern und Dahlien.

Röhrenblüten Die Blüten am Rand des Blütenkorbes sind trichterförmig erweitert und dienen nur der Anlockung von Insekten. Bei den übrigen Röhrenblüten entleeren die Staubbeutel ihren Pollen in die Staubfadenröhren. Wenn ein Insekt einen Staubfaden berührt, verkürzt sich die reizbare Staubfadenröhre, und der in ihr lagernde Pollen wird durch den Griffel ins Freie gedrückt. Später spreizen die Narbenäste auseinander und werden empfängnisfähig für Pollen anderer Blüten. Zur Gruppe der röhrenblütigen Korbblütengewächse gehören Kornblume, Flockenblume, Disteln und Kletten.

Das Blütenkörbchen des Löwenzahns setzt sich nur aus Zungenblüten zusammen.

Zungenblüten Die Körbe haben nur Zungenblüten aufzuweisen. Sie besitzen im Gegensatz zu den Strahlenblüten der Sonnenblume im röhrenförmigen unteren Teil Staubblätter und einen entwickelten Stempel. Der Fruchtknoten setzt sich in einem Stielchen fort, das außer der Blumenkrone eine Federkrone trägt. Diese hat die Aufgabe, später die Frucht mit Hilfe des Windes davonzutragen. Zur Gruppe mit zungenförmigen Blüten gehören Löwenzahn, Huflattich, Wegwarte und die Habichtskräuter.

Lippenblütengewächse (*Lamiaceae*)

Zu ihnen gehören zahlreiche wertvolle Bienenweidepflanzen, vor allem Nektarspender. Wegen ihres Gehalts an ätherischen Ölen finden viele von ihnen Verwendung als Küchenkräuter, Arzneipflanzen oder Grundstoff für Parfüme.

Ein bekannter Vertreter dieser Pflanzenfamilie ist der Salbei. Blütenkelch und Blütenkrone sind zweiseitig-symmetrisch. Der untere Teil der fünfblättrigen Blütenkrone ist zu einer Röhre verwachsen. Der zweiblättrige Fruchtknoten ist oberständig. Sein drüsiger Sockel ist das Nektarium. Die Hinterwand der Blüten-

Die Blüten des Lavendel sind typische Lippenblüten.

röhre geht in die helmförmige Oberlippe über. Sie bedeckt zwei Staubblätter und den Griffel. Die Vorderwand der Blütenröhre geht in die herzförmige Unterlippe über. Diese bietet den Insekten, meist Bienen einschließlich Hummeln, Anflugsmöglichkeit und Sitzfläche. Die vier Staubblätter, davon zwei verkümmerte in der Unterlippe, stehen mit Platten in Verbindung. Nektar suchende Insekten kommen zuerst mit der hervorragenden Narbe in Berührung, drängen dann die den Blüteneingang versperrenden Platten beiseite und setzen damit einen Hebelmechanismus in Bewegung. Die zwei fruchtbaren Staubbeutel werden auf den Rücken des Insekts gedrückt und entleeren nach unten den Pollen. Wenn der Pollen abgeholt ist, wird die Narbe durch Öffnen der Äste für die von weiteren Insekten mitgebrachten fremden Pollen empfängnisfähig.

Grenzen der Anpassung

Die Honigbiene kann die Blüten zahlreicher weiterer Pflanzenfamilien als Blütenbestäuberin sowie zum Gewinnen von Nektar und Pollen besuchen. Ihrer großen Anpassungsfähig-

keit sind jedoch Grenzen gesetzt. So wird die bestäubende Honigbiene beim Auslösen der Schnellvorrichtung der Luzerne eingeklemmt und kann sich nur mit Mühe wieder befreien. Nach einer Anzahl von Blütenbesuchen lernt sie es, den Nektar durch seitliches Einschieben des Rüssels zu entnehmen, ohne den Bestäubungsmechanismus unmittelbar auszulösen. Im Ergebnis von Käfigversuchen und zahlreicher Ertragsermittlungen wurde jedoch nachgewiesen, dass die Honigbiene allein durch die Häufigkeit der Blütenbesuche ein leichteres Auslösen der Blüten – zum Beispiel bei gegenseitigem Berühren der Pflanzen infolge Windbewegung – bewirken und damit auch bei Luzerne entscheidend zur Steigerung der Samenerträge beitragen kann.

Eine Anzahl von Pflanzen wird von Bienen nicht beflogen, da der Nektar wegen einer zu langen Blütenröhre nicht erreichbar ist (zum Beispiel Waldgeißblatt).

Umwege zum Nektar

Bei einigen Pflanzenarten wie Winterwicke und Rotklee ist der Bestäubungsmechanismus leicht, der Nektar für manche Honigbienenherkünfte wegen der Blütenröhrenlänge schwerer erreichbar. Hier beißen kurzrüsselige Hummeln, vor allem Erdhummeln, die Blütenröhren seitlich oberhalb des Kelches an, um durch die Bissöffnung den Nektar zu entnehmen. Honigbienen auch kurzrüsseliger Herkünfte besitzen nicht den Trieb, Blüten anzubeißen, nutzen jedoch Hummelbisslöcher, um ebenfalls auf bequemere Weise zum Nektar zu gelangen. Auf Grund der Züchtung vorwiegend langrüsseliger Bienen sind seitliche Blütenbesuche durch Honigbienen nur noch selten zu beobachten.

Bei Winterwicken lernen es manche Bienen, auch in nicht angebissene Blüten ihren Rüssel seitlich zwischen die Blütenblätter zu schieben und zum Nektar zu gelangen, ohne die Blütenröhre zu beschädigen. Die Mehrzahl der Honigbienen führt bestäubende Blütenbesuche durch.

Durch den Einsatz von Honigbienen können beim Raps Ertrags- und Qualitätssteigerungen erreicht werden.

Die Bedeutung der Bienen als Blütenbestäuber

Die Erträge vieler Nutzpflanzen, besonders der Obstgewächse, Ölfrüchte sowie die Samenerträge einer Anzahl von kleeartigen Futterpflanzen sind stark von der Blütenbestäubung durch Insekten abhängig oder werden durch Insektenbestäubung wesentlich gesteigert.

Wildinsekten

Unter den vielen Insekten kommen als wesentliche Blütenbestäuber nur wenige, vor allem die Bienenarten, zu denen auch die Hummeln gehören, in Betracht. Sie besitzen ein dichtes, aus Chitinfiederhaar bestehendes Haarkleid, in dem der Pollen leicht haften bleibt und auf andere Blüten übertragen werden kann. Ihre Ernährungsweise ist auf Nektar bzw. Honig und auf Pollen eingestellt, die sie zu regelmäßigen Blütenbesuchen veranlasst. Die Bestände der wild lebenden Nutzinsekten sind in Abhängigkeit landwirtschaftlicher Maßnahmen unterschiedlich. Zudem schwankt ihr Auftreten witterungsbedingt von Jahr zu Jahr. Selbst unter guten Entwicklungsbedingungen reicht die Anzahl von Wildinsekten für eine optimale Blütenbestäubung besonders größerer Flächen meist nicht aus. Man sollte sich deshalb auf die Bestäubung unserer Nutzpflanzenkulturen durch Wildinsekten nicht verlassen, sondern ihr Vorkommen als willkommene Beigabe ansehen.

Honigbienen

Den Anforderungen eines konzentrierten Einsatzes wird hingegen die Honigbiene gerecht. Auf Grund ihrer Haltungsweise sind Honigbienenvölker transportabel und können termingerecht eingesetzt werden. Zudem besitzt die Honigbiene weitere für die Blütenbestäubung günstige Eigenschaften, auf Grund derer ihr unter allen Insekten die größte Bedeutung als Blütenbestäuber zukommt.

▸ Honigbienen überwintern als ganze Völker mit 5 000 bis 20 000 Individuen und sind deshalb im Frühjahr zur Zeit der Obst- und Rapsblüte schon in großer Anzahl vorhanden. Alle anderen bestäubenden Insekten überwintern als Einzeltiere. Sofern sie Kolonien bilden – wie Hummeln – müssen sie im Frühjahr erst mit dem Aufbau eines Nestes beginnen.

▸ Da Honigbienen als Völker überwintern und keinen Winterschlaf halten, müssen sie sich Vorräte an Honig und Pollen schaffen. Ihr Sammeleifer ist deshalb groß und veranlasst sie zu zahlreichen Blütenbesuchen.

▸ Honigbienen sind weitgehend blütenstet, d. h. die einzelne Biene befliegt so lange die Blüten nur einer Pflanzenart, wie ihr deren Ausbeute als lohnend erscheint. Für die Obstblütenbestäubung ist von Bedeutung, dass die Honigbiene arten-, jedoch nicht sortenstet ist und deshalb die erwünschte Fremdbestäubung zwischen Sorten einer Obstart durchführen kann.

▸ Auf Grund ihrer relativ hohen Anpassungsfähigkeit an die unterschiedlichsten Blütenformen können Honigbienen zur Blütenbestäubung der verschiedensten Pflanzenarten eingesetzt werden.

▸ Durch ihre Tanzsprache können sich Honigbienen – z. B. bei Bestäubungseinsatz in Verbindung mit einer Wanderung – über eine von wenigen Kundschafterbienen entdeckte Trachtquelle schnell verständigen. Man kann Bienenvölker deshalb kurzfristig zur Bestäubung einsetzen.

Abhängigkeit der Nutzpflanzen von der Fremdbestäubung

Seit Jahrzehnten werden von Wissenschaftlern und Praktikern Untersuchungen und Beobachtungen über die Abhängigkeit der verschiedenen Nutzpflanzenarten von der Blütenbestäubung durch Insekten durchgeführt. Dabei wurden verschiedene Methoden angewendet. Grundlage waren Beobachtungsergebnisse über die Samenertragsunterschiede bei Anwesenheit oder Nichtvorhandensein von Bienenvölkern.

Isolierversuche

Die meisten Versuche beziehen sich auf den Ertragsvergleich zwischen isolierten und frei abgeblühten bzw. unter Käfigen mit und ohne Bienen abgeblühten Pflanzen oder Pflanzenteilen. Zum Teil wurde weitmaschige Drahtgaze verwendet, die es kleineren Wildinsekten als Honigbienen ermöglichte, durch die Maschen der Gaze zu den überkäfigten Pflanzen zu gelangen, womit noch abgegrenzter die ertragssteigernde Wirkung der Honigbienen gegenüber Wildinsekten erfasst werden konnte. Bei Isolierversuchen werden unter den Käfigen – besonders bei Pflanzenarten mit langen Blütezeiten – ungünstige kleinklimatische Faktoren, wie Mangel an Licht und Luftbewegung, wirksam. Deshalb hat dort der Vergleich zwischen den Erträgen mit und ohne Honigbienen die größte Aussagekraft.

Die Versuchsergebnisse (*Tabelle 2* auf S. 135) zeigen, dass bei Pflanzen, die frei abblühen konnten und solchen mit Honigbienen unter Käfigen die Erträge am höchsten waren. Bei Ausschluss der Honigbienen, aber freiem Zugang für kleinere Insekten sind die Erträge deutlich niedriger. Die geringsten Erträge ergaben sich bei Ausschluss aller Insekten. Die Ergebnisse aus Isolierversuchen werden erhärtet durch zahlreiche Belege über das Absinken der Erträge bei zunehmender Entfernung der zu bestäubenden Pflanzenbestände von Bienenständen. Sie unterstreichen die Empfehlung, Bienenvölker möglichst nahe an die zu bestäubenden Kulturen zu bringen.

Aus allen Ergebnissen ist der Schluss zu ziehen, dass zahlreiche Nutzpflanzen, zu denen auch Heil-, Gewürz- und Zierpflanzen zu zählen sind, der Fremdbestäubung durch Insekten bedürfen. Die Erträge einer Anzahl von Nutzpflanzen wie Rotklee und mehrerer Obstarten sind von der Fremdbestäubung ganz abhängig. Zahlreiche andere Arten wie z. B. Raps, die selbstfertil sind, erfahren durch Fremdbestäubung Ertrags- und Qualitätssteigerungen.

Landwirtschaft und Imkerei

Um optimale Hektarerträge zu sichern ist es deshalb empfehlenswert, auf Grund von Vereinbarungen zwischen Landwirten oder Obstbauern und Imkern Bienenvölker zur Blütenbestäubung einzusetzen.

Auf der Basis der wissenschaftlichen Erkenntnisse und praktischen Erfahrungen gibt es weltweit Empfehlungen zum Einsatz von Bienenvölkern zur Steigerung der Obst-, Ölfrucht- und Samenerträge. In verschiedenen Ländern bestehen Einrichtungen, die den Bestäubungseinsatz zwischen wanderbereiten Imkern und Anbaubetrieben vermitteln.

Im Allgemeinen erhält der Imker Entgelte für den Bestäubungseinsatz oder Transporthilfe. Bei der Höhe der Vergütung spielen Abhängigkeit der Pflanzenart von der Bestäubung durch Honigbienen und Bienenweidewert eine wesentliche Rolle.

Nutzung und Verbesserung der Bienenweide

Krautartige Pflanzen als Bienenweide

Nutzpflanzen

Ein beachtlicher Teil unserer Honigerträge wird durch die Nutzung der Trachten landwirtschaftlicher und gartenbaulicher Kulturen gewährleistet und gewonnen. Die Anzahl der als Bienenweide in Betracht kommenden Nutzpflanzen ist groß, doch beschränken sich die tatsächlich vorhandenen Massentrachten auf nur wenige Arten.

Massentrachten

Recht zuverlässig und ergiebig ist die Tracht des Winterrapses. Auch die Trachten weiterer Ölfrüchte wie Sommerraps, Winter- und Sommerrübsen, Senf, Ölrettich und Sonnenblume können Honigerträge bringen. Eine Anzahl von Futterpflanzen ergibt im Rahmen der Saatguterzeugung Trachtflächen. So ist der Saatbau von Rotklee als einer der wichtigsten Futterpflanzen verbreitet, ferner der von Winterwicke, Serradella, Weißklee und Luzerne, vereinzelt auch von Phacelia und Steinklee. Auf sehr leichten Böden kommt gebietsweise Buchweizen zum Anbau. Im Gartenbau werden Gurken und Kürbis sowie Dill von Bienen besucht. Als Körner werden Fenchel, Kümmel und Koriander gewonnen. Viele Gemüsearten wie alle Kohlarten einschließlich Kohlrüben und Rettich sowie Zwiebeln werden stellenweise auch zur Samengewinnung angebaut. Hinzu kommt in geringem Umfang die Saatguterzeugung von Heil- und Gewürzpflanzen. Im Allgemeinen muss der Imker die vorhandenen Trachten anwandern, wenn sie nicht zufällig im Flugbereich seiner Bienen liegen. Allerdings bieten sich dem Landwirt vielfältige Möglichkeiten, durch bevorzugte Verwendung von Bienenweidepflanzen im Zwischenfruchtanbau oder durch Aussaat von Phacelia oder Steinklee auf Restflächen Trachtlücken zu schließen und damit auch im eigenen Inter-

Ackerkräuter wie die Kornblume werden durch den Einsatz von Herbiziden immer seltener und gehen für die Bienen als Pollen- und Nektarspender verloren.

esse vorausschauend zur Erhaltung starker, bestäubungstüchtiger Bienenvölker entscheidend beizutragen.

Ackerkräuter

Infolge intensiver Bodenbearbeitung und der Anwendung selektiv wirkender Herbizide wurden die Wildkräuter aus den Kulturen häufig verdrängt und haben ihre Bedeutung als zuverlässige Trachten weitgehend verloren. Ihr Vorkommen hängt von der Intensität der Behandlungsmaßnahmen ab. Unter den zahlreichen Ackerkräutern sind vor allem die Kornblume und der Ackersenf, auf leichteren Böden der Hederich zu nennen. Auf schwereren Böden findet man Distelarten, Kamille und Vogelmiere, in überwinternden Fruchtkulturen Rote Taubnessel. Sie werden gut beflogen und können unter günstigen Bedingungen eine Tracht ergeben.

Im Zusammenhang mit Pflanzenschutzmaßnahmen, die in Kulturen durchgeführt werden, können blühende Wildkräuter eine Gefahrenquelle für die Bienen sein. Es ist zwar unzulässig, bienengefährliche Pflanzenschutzmittel

Gartenstauden und Einjahrsblumen

Die Mehrzahl der Bienenstände befindet sich in Gärten. Obwohl die Bienenweide eines Gartengrundstücks den Honigertrag kaum beeinflussen kann, wird jeder Imker bemüht sein, möglichst viele Nektar und vor allem Pollen spendende Gewächse in unmittelbarer Nähe zu haben. Groß ist die Bedeutung des Pollens für die Frühjahrsentwicklung der Bienenvölker. Nicht weniger wichtig sind für die gesunde Überwinterung der Bienenvölker die zahlreichen Herbstpollenspender. Ein Sortiment wertvoller und zudem schöner Bienenweidepflan-

Schneeglöckchen – erste Blüten im zeitigen Frühjahr.

anzuwenden so lange Wildkräuter blühen, doch zuweilen erfolgt deren vollständige Beseitigung vor einer Behandlung nicht.

Wildkräuter

Außer den Ackerkräutern gibt es zahlreiche Wildpflanzen auf Wiesen und Weiden sowie an Weg- und Waldrändern. Artenzusammensetzung und Häufigkeit können je nach den Boden-, Klima- und Feuchtigkeitsverhältnissen, bei Wiesen und Weiden auch nach der Düngung und den Schnittterminen, sehr unterschiedlich sein. Zu nennen sind besonders Löwenzahn, Natternkopf, Ochsenzunge, Ehrenpreis, Kerbel, Bärenklau, Wilde Möhre, Flockenblume, Klee- und Wickenarten, ferner Knöterich, Wegwarte, Storchschnabel, Wiesenraute, Salbei und Thymian, an Böschungen und auf Ödland die Goldrute, auf Kahlschlägen und Lichtungen das Weidenröschen, in Büschen und Hainen das Windröschen, an feuchten Standorten Kohldistel, Wasserdost und Bastardklee.

Ein Anwandern an diese Trachten wird sich nur im Zusammenhang mit der Trachtnutzung einer landwirtschaftlichen Kultur lohnen oder wenn man vom ausreichenden Vorhandensein der Wildkräuter überzeugt ist.

zen kann Nachbarn und Freunden gute Anregungen geben. Die Auswahl der Stauden, Zwiebelgewächse und Einjahrsblumen ist groß. Alle stammen von Wildpflanzen ab, werden aber seit Jahrzehnten oder gar Jahrhunderten züchterisch bearbeitet. Viele von ihnen, darunter Nutzpflanzen, kommen deshalb auch in unserer Wildpflanzenflora als Bienenweide vor. Empfehlenswert ist die bevorzugte Verwendung der Stauden und Zwiebelgewächse. Sie sind mehrjährig und lassen sich durch Teilung, Wurzelschnittlinge oder -risslinge, Stecklinge, Brutzwiebeln oder Samen vielfältig vermehren.

Auswahl der Pflanzen

Bei der Auswahl der Pflanzen mit ihrem unterschiedlichen Wuchs- und Blühcharakter sind neben den Platzverhältnissen auch die Bodenbedingungen zu berücksichtigen. Frühlingszwiebelgewächse stehen günstig an oder unter Sträuchern. Stauden, die bald einziehen, sind einzeln neben andere Pflanzen zu setzen, die die Lücke verdecken. Der Imker wird robust sich entwickelnde Stauden bevorzugen, die in der imkerlichen Hauptsaison keinen großen Pflegeaufwand erfordern. Aus den gleichen rationellen Gründen werden sich unter den Einjahrsblühern solche Gewächse als günstig erweisen, die an Ort und Stelle im Freiland ausgesät werden können und dank ihrer Schnellwüchsigkeit bald in der Lage sind, störende Wildkräuter zu unterdrücken. Außer Zierpflanzenrabatten empfiehlt sich für den Imkergarten an einem sonnigen Platz die Anlage von Beeten mit Heil- und Gewürzkräutern. Unter ihnen gibt es viele wertvolle Bienenweidepflanzen.

Das für den Imkergarten Gesagte gilt in weit größerem Umfang auch für Parkanlagen und andere Erholungsplätze sowie für repräsentative Vorplätze auf dem Gelände von Betrieben und Institutionen. Besonders im Rahmen des Stadtgrüns gibt es meist zahlreiche Blumenrabatten. Bei guter Zusammenarbeit zwischen Vertretern der Imker und Stadtgartenämtern können Blumensortimente zusammengestellt werden, die gleichzeitig wertvolle Bienenweide sind. Ein Bienenweide-Fließband krautartiger Pflanzen finden Sie in *Tabelle 4* ab S. 138.

Gehölze als Bienenweide

Obstgehölze

Vom zeitigen Frühjahr an blühen in den Gärten zahlreiche Obstgehölze wie Haselnuss, Kirschen, Pflaumen, Apfel, Birne und Beeren-obst. Wegen der Bestäubung der Obstblüten ist ein Bienenstand in einer Kleingartenanlage meist sehr willkommen. Das ist erst recht der Fall in speziellen Obstgärten oder gar großen Anlagen des Obstbaues. Das Wandern in Obstanlagen geschieht meist im Rahmen des vertraglichen Bestäubungsdienstes. Hier erhält der Imker für den Bieneneinsatz eine Vergütung als Ausgleich dafür, dass ihm die ergiebigere Tracht des gleichzeitig blühenden Rapses entgeht. Ein Honigertrag aus der Obstblüte ist häufig nur von starken Bienenvölkern bei günstiger Witterung zu erwarten.

Zier- und Nutzgehölze

An Zäunen, Weg- und Waldrändern blühen im Frühjahr Weiden, Zier- und Wildobstarten. In Wäldern ist an geeigneten Standorten wildwachsend der Himbeerstrauch anzutreffen

und bietet den Bienen im Juni Tracht. Besonders in Gebieten mit leichteren Böden ist die Robinie verbreitet. Sie ist Bestandteil mancher Mischwälder und kommt an Waldrändern auch in nahezu reinen Beständen vor. Die Blüte dauert nur wenige Tage an, kann den Bienen aber bei starkem Blütenbehang und günstiger Witterung eine unübertroffen reiche Nektartracht bieten. Auf Grund der Spätfrostempfindlichkeit der Blütenknospen ist die Robinientracht nicht zuverlässig. In feuchten Wäldern ist neben Erlen als Unterholz der Faulbaum verbreitet. Auf Grund seiner längeren Blütezeit kann dieses Gehölz den Bienen eine zufrieden stellende Frühsommertracht bieten. Auf den armen Böden oder in Heidegebieten ist an Waldrändern, Truppenübungsplätzen und anderen freien Standorten das Heidekraut verbreitet. Infolge von Maßnahmen zur Erhöhung der Fruchtbarkeit des Waldbodens gehen die Heidebestände zurück.

Bienenweide in Siedlungen

In Städten und Dörfern, auch an Landstraßen, sind vor allem Rosskastanien, Ahorn- und Lindenarten als Einzel- oder Alleebäume anzutreffen. Ahorn und Rosskastanien bieten, besonders bei Vorkommen mehrerer Arten, gute Entwicklungstracht. Die Linden bieten bei Vorhandensein mehrerer nacheinander blühender Arten besonders in den Ortslagen eine mehrere Wochen anhaltende und daher risikoarme Sommertracht.

In den Städten kommt ein umfangreiches Sortiment baum- oder strauchartig wachsender Ziergehölze zur Gestaltung von Parks, Kinderspiel- und Erholungsplätzen sowie als Wohngrün zur Verwendung. Viele Arten haben Bedeutung als Bienenweide. Auch in Hausgärten befinden sich Laubgehölze und Ziersträucher, deren Blüten von Bienen beflogen werden.

Eine Rosskastanien-Allee – Augenweide für den Menschen, Bienenweide für die Bienen.

Nutzpflanzen – hier grenzt ein Rapsfeld an eine Apfelplantage – können Massentrachten liefern.

Bienenweide in der Kulturlandschaft

In der offenen Landschaft gibt es feldschützende Gehölzstreifen, deren Bestände sich zum großen Teil aus Bienenweidepflanzen zusammensetzen. Viele von ihnen wurden gezielt angelegt.

Auf Grund der Langlebigkeit der Gehölze kann die Bienenweide durch Pflanzung von Nektar und Pollen spendenden Bäumen und Sträuchern besonders nachhaltig verbessert werden. Aus forstwirtschaftlichen Gründen werden wichtige Nektarspender meist nur an Waldrändern, Waldwegen sowie in Parks und Erholungsanlagen gepflanzt.

Auch blühende Gehölze (Flieder) in Gärten und Parkanlagen liefern den Bienen Nektar und Pollen.

Zur Bereicherung und Erhaltung der Naturschätze sollten sich jede Regierung und jeder Bürger verpflichtet fühlen. Unter den vielfältigen Möglichkeiten einer effektiven Mehrfachnutzung der Landschaft sei neben dem Vogelschutz, der Niederwildhege, der Gewinnung von Wildfrüchten und Brennholz sowie dem biologischen Pflanzenschutz auch die Bienenweide genannt. Mit der Pflanzung von Bienenweidegehölzen kann ein Beitrag zum Erreichen dieser Ziele geleistet werden. Dabei geht es nicht nur um die Grundlage für imkerliche Erträge, sondern auch um die Förderung von Wildbienen und Hummeln als Bestandteil unserer Natur sowie als Blütenbestäuber von Kultur- und Wildpflanzen.

Bienenweideverbesserung

Möglichkeiten der Bienenweideverbesserung bieten sich im Zusammenhang mit der Pflanzung von Hecken, Feldgehölzen, Gehölzen zur Sicherung von Bach- und Flussufern sowie erosionsschützenden Gehölzstreifen in der Landschaft. Gehölze prägen, ob einzeln oder in Gruppen, unübersehbar das Landschaftsbild. Auf Grund ihrer Schönheit und Seltenheit sind zahlreiche Alleen heute geschützt. Trotzdem müssen viele Alleebäume der Verbreiterung verkehrsreicher Wege weichen. Danach sollten jedoch stets Ersatzpflanzungen vorgenommen werden – aus Gründen des Unfallschutzes gegebenenfalls in Form mehrreihiger Streifen strauch- und baumartiger Gehölze. Sie spenden Schatten und absorbieren Abgase.

Nahezu uneingeschränkte Möglichkeiten zur Verbesserung der Bienenweide bieten sich in den Ortslagen. Hier können alle Gehölzpflanzungen sowohl der Grüngestaltung als auch der Bienenweideverbesserung dienen. Die ehrenamtlich tätigen Bienenweideobleute der Imkerverbände sollten jede Gelegenheit suchen, bei Projektierungs- und Pflanzmaßnahmen in den Städten und Gemeinden beratend mitzuwirken.

In Tagebaugebieten werden rekultivierte Flächen oft der Forstwirtschaft übergeben. Hier können Bodenaufschließer und Stickstoffsammler wie Steinklee und Robinie Verwendung finden.

In *Tabelle 5* ab S. 146 sind die für die Verbesserung der Bienenweide geeigneten Gehölze zu einem Trachtfließband zusammengestellt.

Honigtau auf einem Nadelgehölz.

Honigtauquellen als Bienenweide

Außer Nektar dient den Bienen Honigtau als Rohstoff für die Erzeugung des Honigs. Wie der Nektar, so stammt auch der Honigtau aus dem Siebröhren(*Phloem-*)Saft der Pflanzen, mit dem Unterschied, dass Nektar durch die Nektarien der Blüten, Honigtau über verschiedene, an Pflanzen saugende Insekten als Zwischenglied erzeugt wird. Nach Anstechen der Pflanze steigt der Phloemsaft auf Grund des in der Pflanze bestehenden Drucks im Saugrohr des Pflanzensaugers empor, gelangt durch Schluckbewegungen in den Verdauungskanal und wird mit fermenthaltigem Speichel sowie Verdauungssäften versetzt. Dabei erfährt er Veränderungen im Eiweiß- und Zuckerspektrum. So enthält der vom Pflanzensauger als wasserklarer Tropfen ausgeschiedene, auf Zweige, Nadeln und Blätter fallende Honigtau etwa die Hälfte des ursprünglich im Phloemsaft enthaltenen Gesamtstickstoffs sowie einige Zuckerarten, die im Phloemsaft fehlen. Das reichhaltige Zuckerspektrum ist für die verschiedenen Pflanzensauger artspezifisch und entscheidend im Hinblick auf die Attraktivität des Honigtaus für die Bienen.

Entwicklungsrhythmen

Der Entwicklungsrhythmus der wichtigsten Gruppen von Pflanzensaugern wird im Folgenden kurz beschrieben. Eine Übersicht über die systematische Einteilung der in unserem Klimagebiet vorkommenden Honigtauerzeuger finden Sie auf in *Tabelle 3* ab S. 137.

Blattflöhe (*Psyllina*)

Sie überwintern vorwiegend als Eier auf Obstgehölzen, aus denen im Frühjahr die Larven schlüpfen. Sie können bei massenhaftem Auftreten über die Zeit der Obstblüte hinaus eine Honigtautracht ergeben. Ende Mai schlüpft nach viermaliger Häutung der geflügelte, bei jeder Störung flüchtige Blattfloh. Wegen nur geringfügiger Nahrungsaufnahme ist er im Gegensatz zur Larve als Honigtauspender ohne Bedeutung. Im August erfolgt die Eiablage in die Rinde.

Schildläuse (*Coccidea*)

Schildläuse überwintern als Zweitlarven unter den Quirlschuppen der Zweigvergabelungen und bleiben dort zeitlebens sitzen. Im Frühjahr häuten sie sich unter Verlust von Beinen und Fühlern zum Vollinsekt. Die Weibchen leben von April/Mai bis Juli und sondern von Mitte Mai bis Juni den meisten Honigtau ab. Ihr immer größer werdender Leib umschließt die Embryonen. Nach Begattung durch die kleinen beweglichen Männchen bringen die absterbenden Weibchen sehr kleine Larven hervor. Wenn die Begattung ausbleibt, erfolgt die Vermehrung parthenogenetisch, also ohne vorherige Befruchtung der Eier.

Blattläuse (*Aphidina*)

Blattläuse überwintern als Eier, aus denen im April die Stammmütter schlüpfen. Die Mehrzahl der Honigtau erzeugenden Blattläuse

bringt parthenogenetisch mehrere Tochtergenerationen von weiblichen Jungläusen hervor.
Durch eine Reihe von Umweltfaktoren, vor
allem Witterung und pflanzenphysiologische
Vorgänge, aber auch genetisch bedingt, entwickeln sie bis zu sieben sich mehr oder weniger
unterscheidende Generationen. In der ersten
bis dritten Generation wird ein Teil der Jung-
fern zu geflügelten Tieren ausgebildet, die auf
noch unbefallenen Pflanzen – auch anderen
Arten einschließlich krautartiger Pflanzen –
neue Kolonien gründen. Manche Blattlausarten
überdauern als Ruhelarven die wegen der
Wachstumsstagnation der Wirtspflanzen
ungünstigen Sommerwochen. Die Haupt-
Honigtautracht ist im Allgemeinen im Juni bis
Anfang Juli zu erwarten, wenn sich die ersten
beiden Tochtergenerationen stark entwickeln
konnten. Im Spätsommer kann mit einem
nochmaligen Anwachsen der Kolonien ein

zweiter, kleinerer Trachthöhepunkt erreicht
werden. Als letzte Generation des Jahres werden weibliche und männliche Geschlechtstiere
hervorgebracht. Nach vollzogener Paarung werden an Nadeln, Zweigen oder Rinde die Win-
tereier abgelegt.

Gehölze als Wirtspflanzen

Wirtspflanzen für Honigtauerzeuger sind in
Mitteleuropa vor allem die Nadelhölzer, beson-
ders Fichten, und eine Anzahl von Laubge-
wächsen. Bei anzahlmäßig reichlichem Vor-
kommen können sie in Verbindung mit dem
umweltabhängigen Massenauftreten der auf
ihnen lebenden Pflanzensauger ergiebige
Honigtauquellen darstellen.
In *Tabelle 6* ab S. 152 sind die wichtigsten
Gehölzarten und die auf ihnen lebenden
Honigtauerzeuger zusammengestellt. Weitere
Gehölze, bei denen Honigtauspende möglich

In Fichtenwäldern können Honigtauerzeuger massenhaft auftreten und eine ergiebige Honigtauquelle bieten.

Rote Waldameinsen pflegen Blattläuse – so können sie das Verkleben der Kolonie verhindern.

Napfschildläuse auf der Rinde eines Zweiges.

geerntet. So sind der Schutz und die Förderung der nützlichen Waldameisen auch im imkerlichen Interesse. Manche Imker haben deshalb ehrenamtliche Aufgaben des Ameisenschutzes übernommen.

ist, sind im Bienenweidefließband (*Tabelle 5* auf S. 146) mit der Bezeichnung „**H**" (Honigtau) versehen. Auch zahlreiche krautartige Pflanzen werden von Blattsaugern befallen und können z. B. bei Schilf oder Mais Honigtautrachten ergeben; doch treten sie hier oft als Schädlinge auf. Im Hinblick auf notwendige Bekämpfungsmaßnahmen kann die Nutzung solcher Honigtautrachten – z. B. bei Ackerbohne – problematisch werden.

Ameisen und Honigtauerzeuger

Die Honigtauerzeuger können durch Ameisen gefördert werden. Das gilt besonders für die Waldameisen der Gattung Formica. Die Honigtau sammelnden Ameisen nehmen den Honigtautropfen oft direkt von den Blattsaugern ab und bewahren so die Kolonien mancher Arten vor dem Verkleben. Sie übernehmen Schutz- und Pflegearbeiten. Im Massenwechsel einer Reihe von Honigtauerzeugern können sie als Stabilisierungsfaktoren wirken und damit indirekt bienenwirtschaftliche Bedeutung erlangen. Im Ergebnis fünfjähriger Untersuchungen wurden in ameisenreichen Wäldern 15 kg, in ameisenarmen Wäldern nur 10 kg Honig

Beobachtung und Prognose der Honigtautracht

Die rationelle und termingerechte Nutzung der jährlich und örtlich unterschiedlichen Honigtautracht ist für viele Imker sehr wichtig. Angesichts der zahlreichen Faktoren, die im Zusammenspiel das Einsetzen von Massentrachten bewirken, ist eine langfristige Trachtvorhersage problematisch. In manchen Ländern gibt es organisierte Honigtautracht-Meldesysteme für kürzere Zeiträume. In Stationen, die – mit Waagstöcken ausgerüstet – in verschiedenen Höhenlagen über die Waldtrachtgebiete verteilt sind, beobachten erfahrene Kräfte den Besatz und die Entwicklung der Honigtauerzeuger, führen Wägungen durch und erstatten in kurzen Abständen Bericht über die Trachtsituation. In Auswertung dieser Meldungen können kurzfristige Prognosen aufgestellt und über Presse, Rundfunk oder Internet den Imkern mitgeteilt werden.

Pflanzenporträts

Berg-Ahorn ♄
(Acer pseudoplatanus)

Ahorngewächse *(Aceraceae)*
Herkunft: Europa, Kaukasus
Höhe: 25–30 m
Wuchs: Baum mit breitgewölbter Krone und handförmig gelappten Blättern.
Vorkommen, Verwendung: Laubmisch- und Auwälder. Park- und Straßenbaum. Bevorzugt frische, nährstoffreiche Böden und offene Lage, verträgt Halbschatten. Blühreife mit 20–25 Jahren.
Blüte: ❀ nach Blattaustrieb in hängenden Rispen mit zahlreichen Blüten, teils getrenntgeschlechtlich, einhäusig, gelbgrün.
Pollenhöschenfarbe: grünlich gelb

Unter weiteren Arten: Feld-A. (*A. campestre*); Silber-A. (*A. saccharinum*)

Nektar							Pollen						
Mär	Apr	Mai	Jun	Jul	Aug	Sep	Mär	Apr	Mai	Jun	Jul	Aug	Sep
		4 4				**H**			2 2				

Eschen-Ahorn ♄
(Acer negundo)

Ahorngewächse *(Aceraceae)*
Herkunft: Nord- und Mittelamerika
Höhe: 10–20 m
Wuch: Baum mit breit ausladender Krone, oft mehrstämmig, mit gefiederten Blättern und gesägten Blättchen.
Vorkommen, Verwendung: Laub-Mischwälder, Ufer und Auwälder. Zierformen auch Parkbaum. Anspruchslos, für trockenen wie feuchten Boden, Sonne wie Halbschatten.
Blüte: ❀ vor dem Blattaustrieb, zweihäusig, männliche Blüten als hängende Büschel mit erst roten, dann gelblichen Staubbeuteln, weibliche Blüten in Trauben.

Pollenhöschenfarbe: blassgelb
Unter weiteren Arten: Rot-A. (*A. rubrum*)

Nektar							Pollen						
Mär	Apr	Mai	Jun	Jul	Aug	Sep	Mär	Apr	Mai	Jun	Jul	Aug	Sep
	0 0	0				**H**		2 2	2				

Spitz-Ahorn
(Acer platanoides)   ♄

Ahorngewächse *(Aceraceae)*
Herkunft: Europa, Kaukasus
Höhe: 15–30 m
Wuchs: Baum mit dichter, runder Krone, hand-
förmig gezähnt-gelappte Blätter
Vorkommen, Verwendung: Laubmisch-, Auen-
wälder. Feldgehölz, Allee- und Straßenbaum.
Anspruchslos, für Großstadtstraßen geeignet,
verträgt trockene und leichte Böden. Sorte
„Globosum" bildet dichtverzweigte, kugelige
Krone, Niststätte für Vogel. Blühreife mit 15–
20 Jahren.
Blüte: ✿ vor oder mit Erscheinen der Blätter
in Doldentrauben, meist zwittrig, grüngelb.

Pollenhöschenfarbe: gelbgrün
Viele Sorten; unter weiteren Arten: Zucker-A.
(*A. saccharum*) und zahlreiche Arten vor allem
aus Ostasien.

Nektar								Pollen							
Mär	Apr	Mai	Jun	Jul	Aug	Sep		Mär	Apr	Mai	Jun	Jul	Aug	Sep
	3 3	3 3					H		2 2	2 2				

Echter Baldrian
(Valeriana officinalis)   ♃

Großer Baldrian, Arznei-Baldrian, Waldspeik
Baldriangewächse *(Valerianaceae)*
Herkunft: Europa, Westasien
Höhe: 30–170 cm
Wuchs: Staude mit gefiederten Blättern und
lanzettlichen, gezähnten Blättchen.
Vorkommen, Verwendung: Feuchte Laub-,
Misch- und Nadelwälder, Lichtungen, nasse
Wiesen, Gräben. Heilpflanze, liebt feuchte,
nährstoffreiche, lehmige Böden. Vermehrung
durch Aussaat oder Wurzelteile.
Blüten: ✿ zahlreich in endständigen Dolden-
rispen hell- bis weißrot.
Pollenhöschenfarbe: hellgelb

Mehrere weitere Baldrian-Arten.

Nektar							Pollen						
Mär	Apr	Mai	Jun	Jul	Aug	Sep	Mär	Apr	Mai	Jun	Jul	Aug	Sep
			2	2 2	2 2					1	1 1	1 1	

Thunbergs Berberitze
(Berberis thunbergii 'Atropurpurea') ♄

Hecken-Berberitze, Sauerdorn
Berberitzengewächse *(Berberidaceae)*
Herkunft: Japan, China
Höhe: 1,5–2 m
Wuchs: Dicht verzweigter Strauch mit meist einfachen Dornen und rundlichen, purpurfarbenen Blättern.
Vorkommen, Verwendung: Für ungeschnittene Hecken oder Einzelpflanzung, Zwergformen auch für Steingärten auf frischen, sandig-humosen Böden.
Blüte: ❋ entlang der Triebe, glockig, grünlich-gelb, rot gestreift.
Pollenhöschenfarbe: wachsgelb

Viele Sorten; unter weiteren Arten: Schmal-blättrige B. *(B. x stenophylla)*

Nektar							Pollen						
Mär	Apr	Mai	Jun	Jul	Aug	Sep	Mär	Apr	Mai	Jun	Jul	Aug	Sep
		2 2	2						1 1	1			

Gewöhnliche Mahonie
(Mahonia aquifolium) ♄

Berberitzengewächse *(Berberidaceae)*
Herkunft: Westliches Nordamerika
Höhe: 0,5–2 m
Wuchs: Strauch mit gefiederten, immergrünen Blättern. Blättchen am Rand dornig gezähnt.
Vorkommen, Verwendung: Für Parks und Gärten, kleine Hecken, flächige Pflanzungen vor Wohnbauten, Waldränder und Feldgebüsche. Gedeiht in Sonne und Schatten. Bevorzugt etwas feuchte Böden.
Blüte: ❋ in aufrechten Traubenrispen, leuchtend goldgelb.
Pollenhöschenfarbe: schwefelgelb
Mehrere Sorten; unter weiteren Frostharten:

M. x media = Kreuzung von *M. japonica und M. lomariifolia*

Nektar							Pollen						
Mär	Apr	Mai	Jun	Jul	Aug	Sep	Mär	Apr	Mai	Jun	Jul	Aug	Sep
	2	2 2						3	3 3				

Gewöhnliche Haselnuss   ♄
(Corylus avellana)

Birkengewächse *(Betulaceae)*
Herkunft: Europa, Westasien
Höhe: 2–7 m
Wuchs: aufrechter Strauch, vielstämmig, mit eiförmig-rundlichen, gesägten Blättern
Vorkommen, Verwendung: lichte Laubmischwälder und Feldgebüsche. Anpassungsfähig, schatten- und schnittverträglich, hohes Stockausschlagvermögen. Als Bodenbefestiger und für Schutzpflanzungen.
Blüte: ❀ vor Blattaustrieb, einhäusig. Männliche Blüten in hängenden Kätzchen, gelbbraun, weibliche Blüten knospenförmig. Windbestäubung.

Pollenhöschenfarbe: schwefelgelb
In Sorten als Obst- und Ziergehölze.
Weitere Art: Baumhasel (*C. colurna*)

Nektar								Pollen						
Mär	Apr	Mai	Jun	Jul	Aug	Sep		Mär	Apr	Mai	Jun	Jul	Aug	Sep
0	0	0					H	2	2	2				

Chinesischer Götterbaum   ♄
(Ailanthus altissima)

Himmelsbaum
Bittereschengewächse *(Simaroubaceae)*
Herkunft: China, Korea
Höhe: 20–30 m
Wuchs: Schnell wachsender Baum, oft mehrstämmig, mit breite Krone, und großen, gefiederten Blättern.
Vorkommen, Verwendung: Anspruchslos, stadtfest, für Parks und Alleen, stellenweise verwildert, liebt Sonne.
Blüten: ❀ in langen Rispen, klein, grünlichgelb; vorwiegend zweihäusig; weibliche und männliche Bäume bilden zuweilen auch zwitterige Blüten aus.

Pollenhöschenfarbe: gelbrötlich
Ähnlich: *Ailanthus giraldii*
Verwandt: *A. vilmoriniana*

Nektar								Pollen						
Mär	Apr	Mai	Jun	Jul	Aug	Sep		Mär	Apr	Mai	Jun	Jul	Aug	Sep
			3 3	3 3							2 2	2 2		

Persischer Ehrenpreis
(Veronica persica)

Braunwurzgewächse (Scrophulariaceae)
Herkunft: Kleinasien
Höhe: 10–40 cm
Wuchs: Ein- bis zweijährige, eingebürgerte
Wildpflanze mit aufsteigendem Stängel und
herzeiförmigen, gekerbten Blättern.
Vorkommen, Verwendung: Gräben und Weg-
ränder, Gebüsche und Gärten, auf nährstoffrei-
chen Böden.
Blüten: ✿ einzeln in den Achseln der mittle-
ren und oberen Blätter, himmelblau mit dun-
kelblauer Äderung.
Pollenhöschenfarbe: blassgelb
Unter weiteren Arten als Zierpflanze: Ähriger

E. (*V. spicata*). Andere Braunwurzgewächse:
Roter Fingerhut (*Digitalis purpurea*); Große
Königskerze (*Verbascum densiflorum*); Großer
Klappertopf (*Rhinanthus serotinus*)

Nektar						
Mär	Apr	Mai	Jun	Jul	Aug	Sep
	2	2 2	2 2	2 2	2 2	2 2

Pollen						
Mär	Apr	Mai	Jun	Jul	Aug	Sep
	2	2 2	2 2	2 2	2 2	2 2

Stiel-Eiche (Quercus robur) ♄

Sommer-Eiche
Buchengewächse (Fagaceae)
Herkunft: Europa, Westasien
Höhe: 20–40 m
Wuchs: Baum mit knorrigem Wuchs und
rund gelappten Blättern.
Vorkommen, Verwendung: Forstbaum in
Eichen-, Laubmisch- und Auwäldern sowie
Parkbaum. Anspruchslos, bevorzugt frische,
tiefgründige, nährstoffreiche Böden. Blühreife
ab 50 Jahre.
Blüte: ✿ mit Blattaustrieb, einhäusig. Wind-
blütler. Männliche Blüten in hängenden Kätz-
chen, grünlich. Weibliche Blüten ährig auf
langem Stiel.

Pollenhöschenfarbe: grüngelb
Andere Eichen: Trauben-E. (*Q. petraea*), Rot-E.
(*Q. rubra*) und weitere Arten

Nektar						
Mär	Apr	Mai	Jun	Jul	Aug	Sep
	0	0 0				

Pollen						
Mär	Apr	Mai	Jun	Jul	Aug	Sep
	2	2 2				

H

Ess-Kastanie
(Castanea sativa)

Edelkastanie, Marone
Buchengewächse *(Fagaceae)*
Herkunft: Südeuropa, Westasien, Nordafrika
Höhe: 10–30 m
Wuchs: Baum mit breit ausladender Krone und langen, gezähnten Blättern.
Vorkommen, Verwendung: als Parkbaum oder in Mischwäldern. Liebt humose, kalkarme Böden. Blühreife mit 10 bis 20 Jahren.
Blüte: ✿ Einhäusig. Männliche Blüten (Nektar) gelblich, zu mehreren in Köpfchen, die lange, ährenartige Kätzchen in Büscheln bilden. Weibliche Blüten am Grunde der männlichen Blütenstände, grünlich.

Pollenhöschenfarbe: schwefelgelb
Spezielle Sorten zur Fruchtgewinnung.
Weitere Art: Amerikanische K. (*C. dentata*)

Nektar								Pollen							
Mär	Apr	Mai	Jun	Jul	Aug	Sep		Mär	Apr	Mai	Jun	Jul	Aug	Sep
			3 3	3 3			H				3 3	3 3		

Gewöhnlicher Buchsbaum
(Buxus sempervirens)

Europäischer Buchsbaum
Buchsbaumgewächse *(Buxaceae)*
Herkunft: Südeuropa, Westasien, Kaukasus, Nordafrika
Höhe: 0,5–8 m
Wuchs: Immergrüner Strauch oder mehrstämmiger Baum mit eiförmigen ledrigen Blättern.
Vorkommen, Verwendung: Für Hecken und Einfassungen, anpassungsfähig, rauch-, abgas-, schatten- und schnittverträglich. Vermehrung durch Stecklinge.
Blüte: ✿ Einhäusig; Blüten in Knäueln, gelblich, männl. seitenständig, weibl. endständig.
Pollenhöschenfarbe: gelblich

Mehrere Sorten; unter weiteren Arten: Kleinblättriger B. (*B. microphylla*)

Nektar							Pollen						
Mär	Apr	Mai	Jun	Jul	Aug	Sep	Mär	Apr	Mai	Jun	Jul	Aug	Sep
2	2 2						2	2 2					

Kaukasus-Fetthenne
(Sedum spurium)
4

Dickblattgewächse *(Crassulaceae)*
Herkunft: Kaukasus, Nordiran, Türkei
Höhe: 10–20 cm
Wuchs: Staude, immergrün, Triebe mattenbildend, mit fleischigen, eiförmigen, an der Spitze gezähnten Blättern.
Vorkommen, Verwendung: Steingärten, Bodendecker für Uferzonen und Hänge, Grabbepflanzung, sandig-kiesige, trockene bis frische Böden an sonnigen Standorten. Vermehrung durch Aussaat oder Teilung
Blüten: ✿ am Ende von Seitentrieben in runden Trugdolden, sternförmig, in Sorten purpurrot bis rosa.

Pollenhöschenfarbe: orange
Viele Sorten und weitere Arten

Nektar						
Mär	Apr	Mai	Jun	Jul	Aug	Sep
			3 3	3 3	3 3	

Pollen						
Mär	Apr	Mai	Jun	Jul	Aug	Sep
			2 2	2 2	2 2	

Prächtige Fetthenne
(Sedum spectabile)
4

Schöne Fetthenne
Dickblattgewächse *(Crassulaceae)*
Herkunft: China, Korea
Höhe: 40–60 cm
Wuchs: Staude mit aufrechten, verzweigten Trieben, löffelförmige, fleischige Blätter.
Vorkommen, Verwendung: Für Steingärten oder auf Mauerkronen, auf sandig-kiesigen, trockenen bis frischen, mittleren Böden. Vermehrung durch Aussaat oder Teilung
Blüten: ✿ zahlreich in flachen Trugdolden, sternförmig, rosa bis rosarot
Pollenhöschenfarbe: braungelb
Ähnlich: Purpur-Fetthenne (*Sedum telephium*)

Nektar						
Mär	Apr	Mai	Jun	Jul	Aug	Sep
				3 3	3 3	3 3

Pollen						
Mär	Apr	Mai	Jun	Jul	Aug	Sep
				2 2	2 2	2 2

Sibirische Fetthenne
(Sedum kamtschaticum)

4

Kamtschatka-Fetthenne
Dickblattgewächse *(Crassulaceae)*
Herkunft: Ostsibirien, Nordchina, Japan
Höhe: 10–20 cm
Wuchs: Staude, halbimmergrün, Triebe pols-
terbildend, mit fleischigen, eiförmigen, an der
Spitze grob gezähnten Blättern.
Vorkommen, Verwendung: Für Steingärten
und als Bodendecker auf sandig-kiesigen, tro-
ckenen bis frischen Böden an sonnigen Stand-
orten. Vermehrung durch Aussaat oder Teilung.
Blüten: ⚘ am Ende von Seitentrieben in run-
den Trugdolden, sternförmig, goldgelb bis
orangefarben.

Pollenhöschenfarbe: zitronengelb
Unter weiteren gelb blühenden Arten:
Scharfe F., Mauerpfeffer (*S. acre*)

Nektar						
Mär	Apr	Mai	Jun	Jul	Aug	Sep
			3 3	3 3	3 3	

Pollen						
Mär	Apr	Mai	Jun	Jul	Aug	Sep
			2 2	2 2	2 2	

Garten-Dill
(Anethum graveolens var. hortorum)

⊙

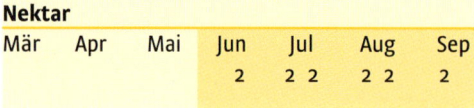

Doldengewächse *(Apiaceae)*
Herkunft: Östliches Mittelmeergebiet
Höhe: 40–120 cm
Wuchs: Einjährig, mit langem Stängel und zart
gefiederten Blättern.
Vorkommen, Verwendung: Gewürz-, Heil- und
Zierpflanze für Kräuter- und Gemüsegärten.
Aussaat ab April in 3-wöchigem Abstand auf
sandig-humosen, frischen Böden. Standort
sonnig und windgeschützt.
Blüten: ⚘ zahlreich in großen Dolden, gelb.
Pollenhöschenfarbe: gelblich
Ähnlich: Fenchel (*Foeniculum vulgare*);
Pastinak (*Pastinaca sativa*)

Nektar						
Mär	Apr	Mai	Jun	Jul	Aug	Sep
			2	2 2	2 2	2

Pollen						
Mär	Apr	Mai	Jun	Jul	Aug	Sep
			2	2 2	2 2	2

Echte Engelwurz
(Angelica archangelica) ☉4

Arznei-Engelwurz
Doldengewächse *(Apiaceae)*
Herkunft: Europa bis Sibirien
Höhe: 100–250 cm
Wuchs: Zweijährig bis ausdauernd, mit aufrechtem Stängel und fiederteiligen Blättern,
Vorkommen, Verwendung: Ufer, Flusstäler; als Heilpflanze angebaut auf feuchten, nährstoffreichen Lehm- und Tonböden.
Blüten: ⚘ in großen, rundlichen Dolden 1. und 2. Ordnung, grünlich.
Pollenhöschenfarbe: gelb
Wildform: Wald-E. (*A. sylvestris*). Ähnliche Doldengewächse: Wiesen-Bärenklau (*Heracleum sphondylium*); Riesen-B. (*H. mantegazzianum*); Wiesen-Kerbel (*Anthriscus sylvestris*)

Nektar							Pollen						
Mär	Apr	Mai	Jun	Jul	Aug	Sep	Mär	Apr	Mai	Jun	Jul	Aug	Sep
				3 3	3 3						2 2	2 2	

Gewöhnlicher Giersch
(Aegopodium podagraria) 4

Zaun-Giersch, Geißfuß, Podagrakraut
Doldengewächse *(Apiaceae)*
Herkunft: Europa, Asien
Höhe: 30–100 cm
Wuchs: Ausdauerndes, Ausläufer treibendes Wildkraut mit aufrechtem Stängel, gefiederte Blätter mit länglich-eiförmigen Blättchen.
Vorkommen, Verwendung: Auwälder, feuchte Laub- und Mischwälder, Ufer, Gebüsche, Parks, Gärten; liebt lehmige, fruchtbare Böden. Zuweilen als Bodendecker kultiviert.
Blüten: ⚘ in Dolden, reinweiß
Pollenhöschenfarbe: gelb
Zuchtform: „Variegata"

Nektar							Pollen						
Mär	Apr	Mai	Jun	Jul	Aug	Sep	Mär	Apr	Mai	Jun	Jul	Aug	Sep
			2	2 2	2					2	2 2	2	

Flachblättriger Mannstreu
(Eryngium planum)   ♃

Hohe Edeldistel
Doldengewächse *(Apiaceae)*
Herkunft: Europa, Asien
Höhe: 30–100 cm
Wuchs: Staude mit aufrechtem, im Blüten-
standsbereich sparrigem Stängel und gesägten
Blättern mit stechenden Grannen
Vorkommen, Verwendung: Trockenrasen, auch
verwildert; als Gartenstaude für schwach alkali-
sche, sandig-lehmige Böden und volle Sonne.
Vermehrung durch Samen.
Blüten: in eiförmigen bis halbkugeligen
Köpfchen, stahlblau, umgeben von dornig-
gezähnten Hüllblättern.

Pollenhöschenfarbe: gelblich
Mehrere Arten als Wildpflanzen und
Gartenformen.

Nektar							
Mär	Apr	Mai	Jun	Jul	Aug	Sep	
				3 3	3 3		

Pollen							
Mär	Apr	Mai	Jun	Jul	Aug	Sep	
				2 2	2 2		

Wilde Möhre
(Daucus carota)   ☺

Doldengewächse *(Apiaceae)*
Herkunft: Europa, Asien, Indien, Nordafrika
Höhe: 40–100 cm
Wuchs: Zweijähriges Wildkraut mit behaartem
Stängel und fiederteiligen Blättern
Vorkommen, Verwendung: Halbtrockenrasen,
Wiesen, Schuttplätze, Wegränder auf lockeren,
sandigen oder steinigen Böden.
Blüten:  im 2. Jahr, weiß; in der Mitte der
Dolde häufig eine schwarzpurpurne Blüte.
Pollenhöschenfarbe: gelb
Kulturform: Garten-M. (*D. c. ssp. sativus*).
Ähnliche: Kümmel (*Carum carvi*); Koriander
(*Coriandrum sativum*)

Nektar							
Mär	Apr	Mai	Jun	Jul	Aug	Sep	
			2	2 2	2 2	2	

Pollen							
Mär	Apr	Mai	Jun	Jul	Aug	Sep	
			2	2 2	2 2	2	

Gewöhnlicher Efeu   ♄
(Hedera helix)

Efeugewächse *(Araliaceae)*
Herkunft: Europa bis Kaukasus
Höhe: 20–30 m
Wuchs: Immergrüner Kletterstrauch mit Haft-
wurzeln, kriechend, an Mauern und Bäumen
hochkletternd, mit 3- bis 5-lappigen, an Blüten-
trieben ungelappten, rautenförmigen Blättern.
Vorkommen, Verwendung: Lichte Wälder,
Auen, Felsen, auch verwildert. Als Kletterge-
hölz und Bodendecker. Blühreife 8. – 10. Jahr.
Blüten: ❀ An gut belichtetem Wuchs in trau-
big angeordneten, dichten Dolden, zwittrig,
auch eingeschlechtig, gelblich grün
Pollenhöschenfarbe: gelb

Mehrere Sorten; unter weiteren Arten:
Irischer E. *(H. hibernica)*

Nektar								Pollen							
Mär	Apr	Mai	Jun	Jul	Aug	Sep		Mär	Apr	Mai	Jun	Jul	Aug	Sep
					3	3 3							3	3 3

Gewöhnliche Eibe   ♄♄
(Taxus baccata)

Europäische Eibe
Eibengewächse *(Taxaceae)*
Herkunft: Europa, Kaukasus, Westasien,
Nordafrika
Höhe: 3–15 m
Wuchs: Immergrüner Baum oder mehrstäm-
miger Strauch, dunkelgrüne Benadelung
Vorkommen, Verwendung: Berghangwälder,
auch verwildert. Für Parks, Friedhöfe, Hecken,
als Waldunterpflanzung und Windschutz;
verträgt scharfen Schnitt. Liebt kalkhaltigen,
frischen Boden und Halbschatten.
Vermehrung durch Stecklinge.
Blüte: ❀ Zweihäusiger Windblütler.

Männliche Blüten rundlich in kopfförmig
gedrängten Trauben, weißlich gelb; weibliche
Blüten einzeln, unscheinbar.
Pollenhöschenfarbe: weißgelb
Unter weiteren Arten: Japanische Eibe
(T. cuspidata)

Nektar								Pollen							
Mär	Apr	Mai	Jun	Jul	Aug	Sep		Mär	Apr	Mai	Jun	Jul	Aug	Sep
0 0	0 0							2 2	2 2					

Clandon-Bartblume
(Caryopteris x clandonensis) ♄

Blaubart
Eisenkrautgewächse *(Verbenaceae)*
Herkunft: Ostasien; Kreuzung aus *C. incana x*
C. mongholica.
Höhe: 0,5–1 m
Wuchs: aufrecht wachsender vieltriebiger
Strauch, lanzettliche, teils gezähnte Blätter
Vorkommen, Verwendung: für Staudenbeete
und Steingärten auf durchlässigen Böden an
geschützten, sonnigen Plätzen. Frostempfind-
lich, deshalb Winterschutz.
Blüten: ❀ büschelartig in den Blattachseln der
einjährigen Triebe, blau
Pollenhöschenfarbe: bläulich

Mehrere Sorten; weitere Art: Graufilzige B.
(Caryopteris incana)

Nektar						
Mär	Apr	Mai	Jun	Jul	Aug	Sep
					4 4	4 4

Pollen						
Mär	Apr	Mai	Jun	Jul	Aug	Sep
					4 4	4 4

Mittagsblume
(Lampranthus-Hybriden) ♃☉

Eiskrautgewächse *(Aizoaceae)*
Herkunft: Südafrika
Höhe: 20–40 cm
Wuchs: Ausdauernde Sukkulente, verzweigt,
fleischige, rundliche bis dreieckige Blätter.
Vorkommen, Verwendung: Für Steingärten
oder Töpfe, auch als Bodendecker, auf trocke-
nen, mittleren Böden in voller Sonne. Frost-
empfindlich, Überwinterung im Wintergarten,
Vermehrung: Stecklinge, jährliche Anzucht.
Blüten: ❀ margeritenartig, mit gelber Blüten-
scheibe und Strahlenblüten in Leuchtend-Gelb,
Rot, Rosa, Orange, Violett oder Weiß.
Pollenhöschenfarbe: gelb

Viele Arten und Sorten

Nektar						
Mär	Apr	Mai	Jun	Jul	Aug	Sep
				2 2	2 2	2 2

Pollen						
Mär	Apr	Mai	Jun	Jul	Aug	Sep
				2 2	2 2	2 2

Gefingerter Lerchensporn 4
(Corydalis solida)

Finger-Lerchensporn
Erdrauchgewächse *(Fumariaceae)*
Herkunft: Europa, Asien
Höhe: 10–30 cm
Wuchs: Ausdauernde Knollenpflanze mit aufrechtem Stängel; Blätter mit 3 gestielten, 3-teiligen Blättchen
Vorkommen, Verwendung: Laubwälder, Gebüsche und Hecken. Als Zierpflanze vor Sträuchern oder für Steingärten auf durchlässigem, humosem, kalkarmem Boden an halbschattigem Standort. Vermehrung durch Teilung oder Aussaat. Samt sich selbst aus.
Blüten: ❀ in endständiger Traube, jeweils in der Achsel eines fingerförmig eingeschnittenen Tragblattes, gespornt, purpurrot oder violett.
Pollenhöschenfarbe: wachsgelb
Unter weiteren Arten: Hohler L. *(C. cava)*; Gelber L. *(C. lutea)*

Nektar						
Mär	Apr	Mai	Jun	Jul	Aug	Sep
2	2 2	2 2				

Pollen						
Mär	Apr	Mai	Jun	Jul	Aug	Sep
2	2 2	2 2				

Funkie 4
(Hosta-Hybride „Honeybells")

Funkiengewächse *(Hostaceae)*
Herkunft: Japan, China, Korea
Höhe: 30–100 cm
Wuchs: Winterharte Staude mit horstbildenden Büscheln großer, ovaler, stark geäderter Blätter.
Vorkommen, Verwendung: Bodendecker für Beet-, Stauden- und Sumpfpflanzungen, vor oder unter Gehölzgruppen, an Teichufern auf nährstoffreichem, feuchtem, durchlässigem Boden an halbschattigem bis schattigem Standort. Vermehrung durch Teilen.
Blüten: ❀ am Ende aufrechter Stängel, nickende, trichterförmige Glocken, weiß, bei anderen Sorten rosa, violett bis blau.

Pollenhöschenfarbe: orange
Zahlreiche Arten und Sorten

Nektar						
Mär	Apr	Mai	Jun	Jul	Aug	Sep
				2 2	2 2	

Pollen						
Mär	Apr	Mai	Jun	Jul	Aug	Sep
				2 2	2 2	

Kanadisches Buschgeißblatt ♄
(Diervilla lonicera)

Geißblattgewächse *(Caprifoliaceae)*
Herkunft: Nordamerika
Höhe: 1–1,5 m
Wuchs: Strauch, buschig, mit oval-lanzett-
lichen Blättern.
Vorkommen, Verwendung: Ausläufer treibend,
deshalb besonders für Böschungen und als
Bodendecker auf fast jedem durchlässigem
Boden. Gedeiht in Sonne und Halbschatten.
Vermehrung durch Stecklinge oder Teilung.
Blüten: 🐝 an neuen Trieben in den Blattach-
seln oder endständig in rispenartigen Ständen,
trichterförmig, 2-lippig, gelb.
Pollenhöschenfarbe: graugelb

Unter weiteren Arten: Stielloses B.
(D. sessilifolia); Prächtiges B. *(D. x splendens)*

Nektar						
Mär	Apr	Mai	Jun	Jul	Aug	Sep
			2 2	2 2		

Pollen						
Mär	Apr	Mai	Jun	Jul	Aug	Sep
			2 2	2 2		

Rote Heckenkirsche ♄
(Lonicera xylosteum)

Gewöhnliche Heckenkirsche
Geißblattgewächse *(Caprifoliaceae)*
Herkunft: Europa, Asien
Höhe: 2–5 m
Wuchs: Strauch, aufrecht bis leicht übergeneigt
wachsend, hohle Äste, eiförmige Blätter.
Vorkommen, Verwendung: Auf kalkhaltigen
Böden an Waldsäumen. Für Hecken, Strauch-
gruppen, Unter- und Schutzpflanzungen. Sehr
anpassungsfähig, gedeiht in Sonne und Halb-
schatten. Liebt nährstoffreichen Boden.
Blüten: 🐝 In den Blattachseln jeweils zu zweit
an einem Stiel, röhrenförmig, zweilippig,
cremeweiß

Pollenhöschenfarbe: graugelb
Unter weiteren Arten: Schwarze H. *(L. nigra)*;
Blaue H. *(L. caerulea)*; Maacks H. *(L. maackii)*

Nektar						
Mär	Apr	Mai	Jun	Jul	Aug	Sep
		2 2	2 2			

Pollen						
Mär	Apr	Mai	Jun	Jul	Aug	Sep
		2 2	2 2			

Tatarische Heckenkirsche
(Lonicera tatarica) ♄

Tataren-Heckenkirsche
Geißblattgewächse *(Caprifoliaceae)*
Herkunft: Kaukasus, Mittelasien
Höhe: 2–3 m
Wuchs: Breit buschiger Strauch mit eiförmig-lanzettlichen Blättern.
Vorkommen, Verwendung: Für Hecken und Strauchgruppen in Parks und Gärten. Anpassungsfähig, gedeiht in Sonne und Halbschatten auf nährstoffreichen, kalkhaltigen Böden.
Blüten: ✿ in den Blattachseln, jeweils zu zweit an einem Stiel, röhrenförmig, zweilippig, weiß bis dunkelrosa
Pollenhöschenfarbe: graugelb

Viele Formen; unter weiteren Arten: Durchsichtige H. *(L. quinquelocularis)*; Waldgeißblatt *(L. periclymenum)*

Nektar								Pollen							
Mär	Apr	Mai	Jun	Jul	Aug	Sep		Mär	Apr	Mai	Jun	Jul	Aug	Sep	
		2 2	2 2				H			2 2	2 2				

Liebliche Kolkwitzie
(Kolkwitzia amabilis) ♄

Geißblattgewächse *(Caprifoliaceae)*
Herkunft: China
Höhe: 2–3 m
Wuchs: Zierstrauch, breit und locker wachsend, ältere Zweige überhängend, mit breit eiförmigen Blättern.
Vorkommen, Verwendung: Anspruchslos an den Boden, rauchhart, liebt Sonne. Vermehrung durch Stecklinge oder Aussaat.
Blüten: ✿ zahlreich in seitenständigen, büscheligen Trauben, glockig, weißrosa mit gelbem Saftmal.
Pollenhöschenfarbe: hellgrau
Einzige Art; Zuchtsorte: „Pink Cloud"

Nektar								Pollen							
Mär	Apr	Mai	Jun	Jul	Aug	Sep		Mär	Apr	Mai	Jun	Jul	Aug	Sep	
		2	2 2				H			2	2 2				

Gewöhnliche Schneebeere ♄
(Symphorcarpos albus)

Knallerbsenstrauch
Geißblattgewächse *(Caprifoliaceae)*
Herkunft: Nordamerika
Höhe: 1,5–2 m
Wuchs: Strauch, dicht wachsend, überhängende Bezweigung, breit eiförmige Blätter.
Vorkommen, Verwendung: Für Hecken in Parkanlagen, als Unterholz und für feldschützende Hecken. Ausläufer treibend, anspruchslos an Boden und Licht.
Blüten: ✿ Am Ende der Zweige und in den oberen Blattachseln, in gedrungenen Trauben, klein, weiß, rosa überlaufen.
Pollenhöschenfarbe: weißgelb

Unter weiteren Arten: Korallenbeere *(S. orbiculatus);* Purpurbeere *(S. x chenaultii);* Bastard-S. *(S x doorenbosii)* in Sorten

Nektar						
Mär	Apr	Mai	Jun	Jul	Aug	Sep
			3 3	3 3	3 3	3 3

Pollen						
Mär	Apr	Mai	Jun	Jul	Aug	Sep
			1 1	1 1	1 1	1 1

Liebliche Weigelie ♄
(Weigela florida)

Glockenstrauch
Geißblattgewächse *(Caprifoliaceae)*
Herkunft: Nordchina, Korea
Höhe: 2–3 m
Wuchs: Strauch, aufrecht wachsend, vieltriebig, überhängende Zweige mit elliptischen, gesägten Blättern.
Vorkommen, Verwendung: Für Einzelpflanzung und in Gruppen, bevorzugt nährstoffreichen, frischen Boden und sonnigen Platz. Verjüngung durch Ausschneiden alter Triebe wird empfohlen.
Blüten: ✿ in achselständigen Rispen, trichterförmig, rosa, in Sorten weiß bis rot

Pollenhöschenfarbe: weißgelb
Mehrere Sorten

Nektar						
Mär	Apr	Mai	Jun	Jul	Aug	Sep
		2	2 2			

Pollen						
Mär	Apr	Mai	Jun	Jul	Aug	Sep
		2	2 2			

Großblütige Ballonblume 4
(Platycodon grandiflorus)

Ballonglockenblume, Breitglocke, Plattglocke
Glockenblumengewächse *(Campanulaceae)*
Herkunft: China, Japan
Höhe: 40–75 cm
Wuchs: Staude, aufrecht, Horst bildend, elliptische bis lanzettliche, gesägte Blätter.
Vorkommen, Verwendung: Bunte Beete, gemischte Rabatten, Zwergformen auch in Steingärten auf sandig-lehmigem, frischem Boden an sonnigem Standort. Vermehrung durch Aussaat, Stecklinge oder Teilung.
Blüten: ✿ am Ende der Stängel aus ballonförmigen Knospen als Glocken, Sorten in Blau, Violett, Rosa und Weiß.

Pollenhöschenfarbe: hellgelb
Mehrere Sorten

Nektar						
Mär	Apr	Mai	Jun	Jul	Aug	Sep
				2 2	2 2	

Pollen						
Mär	Apr	Mai	Jun	Jul	Aug	Sep
				2 2	2 2	

Acker-Glockenblume 4
(Campanula rapunculoides)

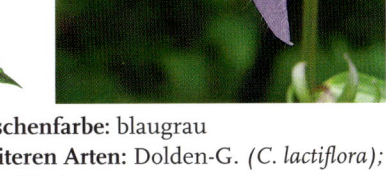

Rapunzelartige Glockenblume
Glockenblumengewächse *(Campanulaceae)*
Herkunft: Europa
Höhe: 30–80 cm
Wuchs: Staude, aufrecht, mit schmal-herzförmigen, gezähnten Blättern. Wurzelausläufer.
Vorkommen, Verwendung: Äcker, Wege, Gebüsche; Zierpflanze, auch Wurzel- und Blattgemüse, für Rabatten und Gehölzränder auf kalkhaltigem, lehmigem Boden an sonnigem bis halbschattigem Standort. Vermehrung: Teilen.
Blüten: ✿ nickend, in einer einseitswendigen, schlanken Traube, Blütenkrone nach außen gespreizt, fünfzipfelig, blauviolett.

Pollenhöschenfarbe: blaugrau
Unter weiteren Arten: Dolden-G. *(C. lactiflora)*; Knäuel-G. *(C. glomerata)*

Nektar						
Mär	Apr	Mai	Jun	Jul	Aug	Sep
			2 2	2 2	2 2	

Pollen						
Mär	Apr	Mai	Jun	Jul	Aug	Sep
			2 2	2 2	2 2	

Hängepolster-Glockenblume ♃
(Campanula poscharskyana)

Hänge-Glockenblume
Glockenblumengewächse *(Campanulaceae)*
Herkunft: Südeuropa
Höhe: 20–30 cm
Wuchs: Posterstaude, büschelig wachsend mit rundlichen, gezähnten Blättern.
Vorkommen, Verwendung: Bodendecker für Böschungen, Mauern, Steingärten, als Vordergrund gemischter Rabatten auf lockerem, frischem Boden an sonnigem bis halbschattigem Standort. Vermehrung durch Teilen.
Blüten: ✽ in Rispen, sternförmig, lavendelblau.
Pollenhöschenfarbe: hellgrau

Unter weiteren Arten: Dalmatinische G. (C. *portenschlagiana*); Karpaten-G. (C. *carpatica*)

Nektar						
Mär	Apr	Mai	Jun	Jul	Aug	Sep
		2	2 2	2 2	2 2	2

Pollen						
Mär	Apr	Mai	Jun	Jul	Aug	Sep
		2	2 2	2 2	2 2	2

Marien-Glockenblume ⊙
(Campanula medium)

Glockenblumengewächse *(Campanulaceae)*
Herkunft: Südeuropa
Höhe: 60–100 cm
Wuchs: Zweijährige Pflanze, aufrecht mit einfachem oder verzweigtem Stängel und elliptischen Blättern.
Vorkommen, Verwendung: für bunte Rabatten und Gehölz- oder Heckenränder auf lockerem, steinig-humosem, frischem Lehmboden und Halbschatten. Vermehrung durch Aussaat.
Blüten: ✽ in lockeren Rispen, breitröhrig, walzlig mit zurückgebogenen Rand, in Sorten blau, rosa oder weiß.
Pollenhöschenfarbe: gelb

Unter weiteren Arten: Pfirsichblättrige G. (C. *persicifolia*), ferner zahlreiche Wildarten

Nektar						
Mär	Apr	Mai	Jun	Jul	Aug	Sep
			2 2	2 2	2 2	2

Pollen						
Mär	Apr	Mai	Jun	Jul	Aug	Sep
			2 2	2 2	2 2	2

Garten-Akelei
(Aquilegia-Hybriden)

4

Hahnenfußgewächse *(Ranunculaceae)*
Herkunft: Europa, Nordamerika, Asien
Höhe: 40–80 cm
Wuchs: Stauden, Horst bildend, aufrecht, drei-
lappige Blätter, dreilappige Blättchen.
Vorkommen, Verwendung: Für Beete oder
Gehölz- und Heckenränder. Lieben durchlässi-
gen, sandig-humosen Gartenboden, halbschat-
tige Lage. Vermehrung: Teilen oder Aussaat.
Blüten: ✻ endständig in lockerem, traubigem
Blütenstand. Die Blütenblätter laufen kapuzen-
artig in je einen Sporn aus. Je nach Sorte weiß,
gelb, rosa, violett oder blau.
Pollenhöschenfarbe: ocker

Einheimische Art: Wald-Akelei *(A. vulgaris)*,
Elternteil zahlreicher Hybriden.

Nektar						
Mär	Apr	Mai	Jun	Jul	Aug	Sep
		3	3 3	3		

Pollen						
Mär	Apr	Mai	Jun	Jul	Aug	Sep
		2	2 2	2		

Gewöhnliches Leberblümchen
(Hepatica nobilis)

4

Dreilappiges Leberblümchen
Hahnenfußgewächse *(Ranunculaceae)*
Herkunft: Europa, Asien, Nordamerika
Höhe: 8–20 cm
Wuchs: Staude mit grundständigen, dreilappi-
gen, immergrünen Blättern und je 3 kleinen
Hochblättern an den Blütenstängeln.
Vorkommen, Verwendung: Laub- und Auwäl-
der, Gebüsche. Zierpflanze für Steingärten auf
kalkhaltigen, frischen, lehmigen Böden; Halb-
schatten. Vermehrung: Samen oder Teilung.
Blüten: ✳ einzeln an je einem Stängel; blau,
violett, rosa oder weiß.
Pollenhöschenfarbe: weiß

Unter weiteren Hahnenfußgewächsen: Arten
der Kuhschelle *(Pulsatilla)*

Nektar						
Mär	Apr	Mai	Jun	Jul	Aug	Sep
0	0 0	0				

Pollen						
Mär	Apr	Mai	Jun	Jul	Aug	Sep
2	2 2	2				

Schwarze Nieswurz 4
(Helleborus niger)

Christrose, Schneerose
Hahnenfußgewächse *(Ranunculaceae)*
Herkunft: Europa, Westasien
Höhe: 5–25 cm
Wuchs: Staude, Horst bildend, mit aufrechtem Stängel und immergrünen, handförmig geteilten Grundblättern.
Vorkommen, Verwendung: Bergwälder; Zierpflanze für gemischte Rabatten, am Gehölzrand auf humosen, frischen, kalk- und nährstoffhaltigen Böden im Halbschatten.
Blüten: ✽ einzeln am Ende des Stängels oder eines Astes, breit ovale Blütenblätter, weiß, dazwischen grünlich gelbe „Honigblätter".

Pollenhöschenfarbe: weißgelb
In Sorten; unter weiteren Arten: Stinkende N. *(H. foetidus);* Orientalische N. *(H. orientalis)*

Nektar							Pollen						
Mär	Apr	Mai	Jun	Jul	Aug	Sep	Mär	Apr	Mai	Jun	Jul	Aug	Sep
2 2	2						3 3	3					

Frühlings-Scharbockskraut 4
(Ranunculus ficaria)

Gewöhnliches Scharbockskraut, Feigwurz
Hahnenfußgewächse *(Ranunculaceae)*
Herkunft: Europa, Südwestasien, Nordwestafrika
Höhe: 5–25 cm
Wuchs: Staude mit aufsteigendem Stängel und herz-nierenförmigen, gekerbten bis handförmig-eckigen Blättern,
Vorkommen, Verwendung: Auwälder, feuchte Laubwälder, Hecken, Gebüsche und Parks. Zierpflanze, sonnige bis schattige Standorte, humose, frische Boden. Vermehrung: Teilen.
Blüten: ✽ einzeln aus den Achseln der obersten Blätter; 6–14 Blütenblätter, gelb, in Sorten cremeweiß und goldgelb.

Pollenhöschenfarbe: gelblich
Mehrere Sorten sowie weitere wild wachsende und kultivierte *Ranunculus*-Arten.

Nektar							Pollen						
Mär	Apr	Mai	Jun	Jul	Aug	Sep	Mär	Apr	Mai	Jun	Jul	Aug	Sep
	2 2	2 2						2 2	2 2				

Garten-Waldrebe
(Clematis Großblumige Hybriden) ♄

Hahnenfußgewächse *(Ranunculaceae)*
Herkunft: Kreuzungshybriden von Wildarten
verschiedener Herkünfte z. B. aus Mitteleuropa, Südeuropa und China.
Höhe: 3–4 m
Wuchs: Klettersträucher mit 3- bis 5-zähligen
Blättern.
Vorkommen, Verwendung: Für Pergolen, Spaliere, Zäune auf nährstoffreichen, kalkhaltigen,
frischen Böden an geschütztem Platz mit
beschattetem Wurzelfuß.
Blüten: ✳ in den Achseln der oberen Blätter,
4- bis 6-zählig, blau, violett, purpurviolett, rot,
weiß oder zweifarbig.

Pollenhöschenfarbe: lilagrau
Viele Sorten

Nektar						
Mär	Apr	Mai	Jun	Jul	Aug	Sep
				2 2	2 2	2

Pollen						
Mär	Apr	Mai	Jun	Jul	Aug	Sep
				2 2	2 2	2

Weiße Waldrebe
(Clematis vitalba) ♄

Gewöhnliche Waldrebe
Hahnenfußgewächse *(Ranunculaceae)*
Herkunft: Europa, Kaukasus, Nordafrika
Höhe: 5–15 m
Wuchs: Liane, mit gefiederten Blättern.
Vorkommen, Verwendung: Klettert in Auwäl-
dern und an Waldrändern an den Bäumen
empor. Für hohe Hecken, Mauern und Zäune
großer Gärten auf nährstoff- und humus-
reichen, kalkhaltigen, frischen Böden. Der
Wurzelfuß soll beschattet sein.
Blüten: ⚘ aus den Blattachseln und an den
Triebenden in Trugdolden, milchig weiß.
Pollenhöschenfarbe: blassgelb

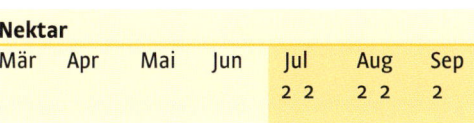

Unter weiteren Clematisarten: Berg-Waldrebe
(C. montana); Alpen-Waldrebe *(C. alpina)* und
zahlreiche Hybriden

Nektar						
Mär	Apr	Mai	Jun	Jul	Aug	Sep
				2 2	2 2	2

Pollen						
Mär	Apr	Mai	Jun	Jul	Aug	Sep
				2 2	2 2	2

Gelbe Wiesenraute
(Thalictrum flavum) ♃

Hahnenfußgewächse *(Ranunculaceae)*
Herkunft: Gemäßigte nördliche Hemisphäre
Höhe: 50–120 cm
Wuchs: Staude mit unverzweigtem Stängel und zwei- bis dreifach fiederteiligen Stängelblättern mit eiförmig-lanzettlichen Blättchen.
Vorkommen, Verwendung: Feuchte Wiesen und Flachmoore, Rand von Schilfröhricht. In Sorten zur Verwendung als Hintergrundpflanze für humushaltige, frische Lehmböden.
Blüten: vielästige Rispe am Ende des Stängels. Die gelben Blütenblätter fallen zeitig ab. Zahlreiche Staubblätter, grünlich gelb, in Sorten auch schwefelgelb.
Pollenhöschenfarbe: gelb
Unter weiteren Arten als Wildpflanzen und in Kultur: Akeleiblättrige W. *(T. aquilegifolium)*

Nektar

Mär	Apr	Mai	Jun	Jul	Aug	Sep
			0 0	0 0	0 0	

Pollen

Mär	Apr	Mai	Jun	Jul	Aug	Sep
			2 2	2 2	2 2	

Wald-Windröschen
(Anemone sylvestris) ♃

Großes Windröschen
Hahnenfußgewächse *(Ranunculaceae)*
Herkunft: Europa, Asien
Höhe: 15–50 cm
Wuchs: Staude mit aufrechtem Stängel und handförmigen, 3–5-teiligen Hochblättern
Vorkommen, Verwendung: Gebüsche, lichte Trockenwälder. Zierpflanze für halbschattige Standorte auf lockerem, kalkhaltigem, lehmigem Boden. Vermehrung durch Teilen; breitet sich auch selbst aus.
Blüten: einzeln, selten zwei, aus einem Hochblattquirl; weiß.
Pollenhöschenfarbe: weißlich
Ähnliche Wildpflanzen: Busch-W. *(A. nemorosa)*; Gelbes W. *(A. ranunculoides)*;
In Sorten: Kronen-W. *(A. coronaria)*; Strahlen-W. *(A. blanda)*; Herbstanemone *(A.-Hybriden)*

Nektar

Mär	Apr	Mai	Jun	Jul	Aug	Sep
	0 0	0 0				

Pollen

Mär	Apr	Mai	Jun	Jul	Aug	Sep
	2 2	2 2				

Türkei-Winterling ♃
(Eranthis cilicica)

Hahnenfußgewächse *(Ranunculaceae)*
Herkunft: Kleinasien
Höhe: 5–5 cm
Wuchs: Staude mit aufrechtem Stängel, an dessen Ende eine Krause von glänzenden Hochblättern mit tief eingeschnittenen lanzettlichen Zipfeln.
Vorkommen, Verwendung: Für Steingärten, Blumenbeete, vor Gehölzen in Gruppen, auf durchlässigen, frischen, kalkhaltigen Böden an sonnigem bis halbschattigem Standort. Vermehrung: Teilen oder Aussaat.
Blüten: einzeln am Ende des Stängels, gelb.
Pollenhöschenfarbe: gelblich

Weitere kultivierte Winterlinge: Schöner W. (*E. hyemalis*); Tubergens W. (*E. x tubergenii*)

Nektar

Mär	Apr	Mai	Jun	Jul	Aug	Sep
2 2	2					

Pollen

Mär	Apr	Mai	Jun	Jul	Aug	Sep
3 3	3					

Tüpfel-Hartheu ♃
(Hypericum perforatum)

Tüpfel-Johanniskraut, Echtes Johanniskraut
Hartheugewächse *(Hypericaceae)*
Herkunft: Gemäßigte nördliche Hemisphäre
Höhe: 30–80 cm
Wuchs: Staude mit aufrechtem, im Blütenbereich meist verzweigtem Stängel und ovalen, durchscheinend punktierten Blättern.
Vorkommen, Verwendung: Waldlichtungen, Gebüsche, Trockenrasen, Bahnschotter. Als Heilpflanze kultiviert auf durchlässigen, trockenen Böden. Vermehrung: Aussaat oder Teilen.
Blüten: in Doldenrispen am Ende des Stängels und der oberen Äste; viele Staubblätter, goldgelb.

Pollenhöschenfarbe: gelb
Weitere Arten und Hybriden vor allem als niedrige Ziersträucher in Kultur.

Nektar

Mär	Apr	Mai	Jun	Jul	Aug	Sep
			0	0 0	0 0	0

Pollen

Mär	Apr	Mai	Jun	Jul	Aug	Sep
			3	3 3	3 3	3

Kornelkirsche
(Cornus mas)   ♄♄

Herlitze, Dirlitze
Hartriegelgewächse *(Cornaceae)*
Herkunft: Mittel- und Südosteuropa,
Kleinasien
Höhe: 3–8 m
Wuchs: Strauch oder Baum, sparrig, mit ei-
förmigen Blättern.
Vorkommen, Verwendung: lichte Wälder und
Gebüsche. Zier- und Vogelschutz-, in Südost-
europa auch Obstgehölz für Einzel- oder Grup-
penpflanzung und Hecken. Bevorzugt lehmi-
gen, kalkhaltigen Boden und sonnigen bis
halbschattigen Standort. Schnittverträglich.
Blüten: ✿ vor den Blättern in kugeligen

Dolden, goldgelb, von 4 gelblichgrünen Hochblättern umgeben.
Pollenhöschenfarbe: graugelb
Verschiedene Arten und Hybriden als Ziersträucher; unter genießbar-großfrüchtigen Sorten: „Jolico" und „Kasanlak"

Nektar							Pollen						
Mär	Apr	Mai	Jun	Jul	Aug	Sep	Mär	Apr	Mai	Jun	Jul	Aug	Sep
3	3 3						2	2 2					

Japanische Azalee
(Rhododendron-Hybriden)   ♄

Alpenrose
Heidekrautgewächse *(Ericaceae)*
Herkunft: Mehrfachkreuzungen aus meist ost-
asiatischen Arten
Höhe: 0,3–1,5 m
Wuchs: Strauch, breit buschig, winter- oder
immergrün mit eiförmigen bis lanzettlichen
kleinen Blättern.
Vorkommen, Verwendung: Stein-, Heidegar-
ten- und Parkpflanze für humose, frische
Böden. Vermehrung durch Senker
Blüten: ✿ am Ende der Zweige in Doldentrau-
ben, in Rosa-, Violett- und Rottönen bis Weiß
Pollenhöschenfarbe: gelblich

Zahlreiche Arten und Hybriden aus Europa,
Asien und Amerika

Nektar							Pollen						
Mär	Apr	Mai	Jun	Jul	Aug	Sep	Mär	Apr	Mai	Jun	Jul	Aug	Sep
		2 2	2 2						2 2	2 2			

Besen-Heide ♄
(Calluna vulgaris)

Heidekraut
Heidekrautgewächse *(Ericaceae)*
Herkunft: Europa, Asien
Höhe: 0,3–0,7 m
Wuchs: Zwergstrauch mit aufsteigenden Stämmchen, vielen aufrechten Zweigen und schuppenartig kleinen, immergrünen Blättern
Vorkommen, Verwendung: Heiden, Moore, lichte Wälder; saure, nährstoffarme Böden. Gartenformen auch nährstoffreichere aber saure, durchlässige Böden. Stecklinge.
Blüten: ✲ in einseitswendigen Trauben, nickend, gleichfarbene Kelch- und Blütenblätter, blass- bis purpurrosa

Pollenhöschenfarbe: grau
Viele Sorten in Farben von weiß bis rot.

Nektar						
Mär	Apr	Mai	Jun	Jul	Aug	Sep
					3 3	3 3

Pollen						
Mär	Apr	Mai	Jun	Jul	Aug	Sep
					3 3	3 3

Schnee-Heide ♄
(Erica carnea)

Frühlings-Heide
Heidekrautgewächse *(Ericaceae)*
Herkunft: Europa
Höhe: 0,2–0,4 m
Wuchs: Zwergstrauch, Zweige aufsteigend, mit nadelförmigen Blättern
Vorkommen, Verwendung: wild in den Alpen und Hochlagen der Mittelgebirge. Heide- und Steingärten, Terrassenmauern. Liebt lockeren, humosen Boden. Vermehrung: Stecklinge.
Blüte: ✲ am Ende der Zweige traubige Stände mit zahlreichen krugförmigen Blüten, rot bis weiß
Pollenhöschenfarbe: gelbbraun

Viele Sorten: unter weiteren Arten
in jeweils vielen Sorten Glocken-H. *(E. tetra-lix)*; Graue H. *(E. cinerea)*

Nektar						
Mär	Apr	Mai	Jun	Jul	Aug	Sep
4 4	4 4					

Pollen						
Mär	Apr	Mai	Jun	Jul	Aug	Sep
2 2	2 2					

Orientalische Hyazinthe ♃
(Hyacinthus orientalis)

Blaue Hyazinthe, Garten-Hyazinthe
Hyazinthengewächse *(Hyacinthaceae)*
Herkunft: Östliches Mittelmeergebiet
Höhe: 20–30 cm
Wuchs: Zwiebelpflanze, ausdauernd, aufrecht, mit riemenförmigen Blättern.
Vorkommen, Verwendung: An warmen Standorten verwildert. Bunte Rabatten in Gruppen, sandig-lehmige, frische Böden, geringer Nährstoffgehalt, sonnige Standorte. Pflanzen der Zwiebeln im Herbst. Winterschutz (Abdecken).
Blüten: ✳ in dichten Trauben, blau, rosa, violett, gelb oder weiß.
Pollenhöschenfarbe: blassgelb

Mehrere Sorten in verschiedenen Farben.
Verwandt: Kleine Traubenhyazinthe
(Muscari botryoides)

Nektar							
Mär	Apr	Mai	Jun	Jul	Aug	Sep
	2	2 2				

Pollen							
Mär	Apr	Mai	Jun	Jul	Aug	Sep
	2	2 2				

Doldentraubiger Milchstern ♃
(Ornithogalum umbellatum)

Dolden-Milchstern, Vogelmilch, Stern von Bethlehem
Hyazinthengewächse *(Hyacinthaceae)*
Herkunft: Westliches Mittelmeergebiet
Höhe: 10–30 cm
Wuchs: Zwiebelpflanze, ausdauernd, Horst bildend, mit längsstreifigen Blättern. Für Beete, Steingarten und Wiese sowie unter spät austreibenden Gehölzen, auf sandig-lehmigen, frischen, kalkhaltigen Böden an sonnigem Standort. Pflanzen der Zwiebeln im Herbst. Winterschutz durch Abdecken.
Blüten: ✳ in doldigen Trauben, weiß, Blütenblätter außenseitig mit grünem Streifen.

Pollenhöschenfarbe: gelblich
Weitere, weniger winterharte Arten.
Verwandt: Zweiblättr. Blaustern *(Scilla bifolia)*

Nektar							
Mär	Apr	Mai	Jun	Jul	Aug	Sep
	2	2 2				

Pollen							
Mär	Apr	Mai	Jun	Jul	Aug	Sep
	2	2 2				

Dreidornige Gleditschie
(Gleditsia triacanthos)

Amerikanische Gleditschie, Lederhülsenbaum,
Falscher Christusdorn
Johannisbrotgewächse *(Caesalpiniaceae)*
Herkunft: Nordamerika
Höhe: 15–25 m
Wuchs: Baum mit ausladender Krone und langen Dornen. Blätter meist doppelt gefiedert.
Vorkommen, Verwendung: Parkbaum, stadt- und industriefest. Auch für hohe Schutzhecken und zur Ödlandbepflanzung. Verträgt nährstoffarmen, sandigen und steinigen, bevorzugt frischen Boden.
Blüten: Einhäusig. Männliche und weibliche Blüten in getrennten Blütenständen, grünlich; männliche in dichten hängenden Trauben, weibliche unscheinbar in Ähren.
Pollenhöschenfarbe: braun
Mehrere Sorten, auch ohne Dornen.

Nektar						
Mär	Apr	Mai	Jun	Jul	Aug	Sep
			4 4	4		

Pollen						
Mär	Apr	Mai	Jun	Jul	Aug	Sep
			1 1	1		

Dornige Spinnenpflanze
(Cleome spinosa)

Spinnenblume
Kapernstrauchgewächse *(Capparaceae)*
Herkunft: Tropisches Amerika
Höhe: 90–150 cm
Wuchs: Einjährig, buschig wachsend mit behaarten Zweigen und gefingerten Blättern.
Vorkommen, Verwendung: Für gemischte Rabatten auf durchlässigen, sandig-humosen, kalkhaltigen, frischen Böden an sonnigem, geschütztem Standort. Aussaat im März geschützt im Haus. Auspflanzen in kleinen Gruppen im Mai.
Blüten: am Ende der Zweige in filigranen Ständen mit spinnenartigen Blüten, deren

Blütenblätter sich nach unten zu Stielen verjüngen, rot, rosa, violett und weiß.
Pollenhöschenfarbe: gelblich
Mehrere Sorten
Ähnliche Art: Spinnenblume *(C. hassleriana)*

Nektar						
Mär	Apr	Mai	Jun	Jul	Aug	Sep
				3	3 3	3 3

Pollen						
Mär	Apr	Mai	Jun	Jul	Aug	Sep
				1	1 1	1 1

Große Kapuzinerkresse
(Tropaeolum majus) ⊙

Kapuzinerli, Guck-über-den-Zaun
Kapuzinerkressegewächse *(Tropaeolaceae)*
Herkunft: Südamerika
Höhe: 30–300 cm
Wuchs: Einjährige Zier- und Heilpflanze, kriechender oder rankender Stängel, schildförmig-runde Blätter.
Vorkommen, Verwendung: Spaliere, Zäune, Gitter, Blumenrabatten auf humosem, frischem Boden an sonnigem bis halbschattigem Standort. Vermehrung durch Vorkultur oder Aussaat an Ort und Stelle nach Mitte Mai.
Blüten: ❀ einzeln in den Blattachseln, trompetenförmig, gespornt, cremeweiß, gelb, rot.

Pollenhöschenfarbe: dunkelgelb
Zahlreiche Hybriden und weitere Arten

Nektar						
Mär	Apr	Mai	Jun	Jul	Aug	Sep
				2 2	2 2	2 2

Pollen						
Mär	Apr	Mai	Jun	Jul	Aug	Sep
				2 2	2 2	2 2

Echter Buchweizen
(Fagopyrum esculentum) ⊙

Heidekorn, Türkenkorn
Knöterichgewächse *(Polygonaceae)*
Herkunft: Zentralasien
Höhe: 50–100 cm
Wuchs: Einjährig, mit aufrechtem Stängel und herz-pfeilförmigen Blättern.
Vorkommen, Verwendung: Körner- und Zwischenfruchtfutterpflanze, zur Feldbegrünung auf Stilllegungsflächen, als Wildäsung, auf mäßig nährstoffhaltigen, schwach sauren Sandböden. Aussaat zur Körnergewinnung ab Mitte Mai, als Zwischenfrucht bis Ende Juli.
Blüten: ❀ seiten- und endständig in Doldentrauben, unterschiedlich lange Griffel und

Staubblätter, weiß oder rötlich weiß. Nektarerzeugung nur in den Morgenstunden.
Pollenhöschenfarbe: hellgelb
Verwandt: Tatarischer B. *(F. tataricum)*

Nektar						
Mär	Apr	Mai	Jun	Jul	Aug	Sep
				4	4 4	4 4

Pollen						
Mär	Apr	Mai	Jun	Jul	Aug	Sep
				3	3 3	3 3

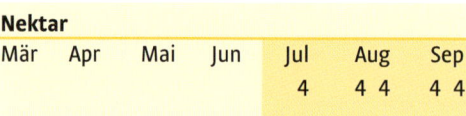

Sachalin-Flügelknöterich 4
(Fallopia sachalinensis)

Sachalin-Wucherknöterich,
Sachalin-Stauden-Knöterich
Knöterichgewächse *(Polygonaceae)*
Herkunft: Ostasien
Höhe: 100–300 cm
Wuchs: Staude, aufrecht mit verzweigten
Stängeln und ovalen Blättern.
Vorkommen, Verwendung: Verwildert, Röh-
richt und Erlengebüsch, verträgt Überflutung.
Für Parks und große Gärten auf sandig-lehmi-
gen oder kiesigen, kalkarmen Böden.
Vermehrung durch Teilen.
Blüten: ✿ ährige Blütenstände in den Blatt-
achseln und am Stielende, grünlich-weiß.

Pollenhöschenfarbe: dunkelgelb
Ähnlich: Gewöhnlicher Japanischer F. *(F. japonica var. japonica);* **Verwandt:** Kleiner Japanischer F. *(F. japonica var. compacta)*

Nektar						
Mär	Apr	Mai	Jun	Jul	Aug	Sep
				3 3	3 3	3 3

Pollen						
Mär	Apr	Mai	Jun	Jul	Aug	Sep
				2 2	2 2	2 2

Wiesen-Knöterich 4
(Bistorta officinalis)

Schlangen-Knöterich, Schlangenwurz,
Natterwurz
Knöterichgewächse *(Polygonaceae)*
Herkunft: Europa, Westasien
Höhe: 30–120 cm
Wuchs: Staude mit aufrechtem, unverzweig-
tem Stängel und länglichen, am Rande gewell-
ten Blättern, Ausläufer treibend.
Vorkommen, Verwendung: Feuchte Wiesen,
Bachufer, feuchte Stellen in lichten Auwäldern.
Zierpflanze für nährstoffreichen, kalkarmen,
durchfeuchteten Boden.
Blüten: ✿ in dichten, walzligen, endständigen
Ähren hell- bis dunkelrosa.

Pollenhöschenfarbe: grau
Weitere Arten als Wild- und Zierpflanzen.

Nektar						
Mär	Apr	Mai	Jun	Jul	Aug	Sep
		3 3	3 3	3 3	3	

Pollen						
Mär	Apr	Mai	Jun	Jul	Aug	Sep
		2 2	2 2	2 2	2	

Garten-Dreimasterblume ♃
(Tradescantia x andersoniana-Gruppe)

Kommeline, Wasserranke, Garten-Tradeskantie
Kommelinengewächse (Commelinaceae)
Herkunft: Nord- und Südamerika, Kreuzungen
verschiedener Arten
Höhe: 40–60 cm
Wuchs: Gartenstaude, winterhart, mit schilf-
artig linealisch zugespitzten Blättern.
Vorkommen, Verwendung: Für Staudenbeet-
und Teichrandpflanzungen; nährstoffreiche,
frische bis feuchte, sandig-lehmige Böden, son-
nige Standorte. Vermehrung: Teilen, Aussaat.
Blüten: ✿ in Trugdolden dicht gedrängt, drei-
zählig, blau, violett, rot, rosa oder weiß.
Pollenhöschenfarbe: dunkelgelb

Viele Sorten; unter weiteren Arten: Virginische
D. (T. virginiana)

Nektar							
Mär	Apr	Mai	Jun	Jul	Aug	Sep	
			2 2	2 2	2 2	2	

Pollen							
Mär	Apr	Mai	Jun	Jul	Aug	Sep	
			2 2	2 2	2 2	2	

Weidenblättriger Alant ♃
(Inula salicina)

Weiden-Alant
Korbblütengewächse (Asteraceae)
Herkunft: Europa, Asien
Höhe: 20–80 cm
Wuchs: Ausdauernde Wildpflanze mit aufrech-
tem, oben verzweigtem Stängel und lanzett-
lichen Blättern.
Vorkommen, Verwendung: Halbtrockenrasen,
feuchte Wiesen, Flachmoore; kalkhaltige, hu-
mose Lehmböden, Sonne bis Halbschatten.
Blüten: ✺ in Körbchen, einzeln oder zu
2–5 doldig-traubig am Ende des Stängels;
Scheibenblüten zwittrig, Randblüten als Zun-
genblüten, weiblich, goldgelb.

Pollenhöschenfarbe: gelb
Weitere Inula-Arten als Wild-, Heil-, Gewürz-
und Zierpflanzen.

Nektar							
Mär	Apr	Mai	Jun	Jul	Aug	Sep	
				2 2	2 2		

Pollen							
Mär	Apr	Mai	Jun	Jul	Aug	Sep	
				3 3	3 3		

Myrten-Aster
(Aster ericoides)
4

Erika-Aster
Korbblütengewächse *(Asteraceae)*
Herkunft: Nordamerika
Höhe: 50–100 cm
Wuchs: Ausdauernd, aufrechte, verzweigte
Stängel, kleine, lanzettliche, Blättern.
Vorkommen, Verwendung: Gemischte Beete
und Rabatten; humose, frische Lehmböden;
sonnige Standorte. Vermehrung: Teilung oder
Stecklinge.
Blüten: ✳ in kleinen Körbchen, zahlreich dol-
dig am Ende des Stängels und der Zweige.
Scheibenblüten als zwittrige Röhrenblüten,
gelb, Randblüten als weibliche Zungenblüten.

Pollenhöschenfarbe: gelb
Mehrere Sorten in weiß, blassrosa und gelblich

Nektar						
Mär	Apr	Mai	Jun	Jul	Aug	Sep
					3 3	3 3

Pollen						
Mär	Apr	Mai	Jun	Jul	Aug	Sep
					3 3	3 3

Raublatt-Aster
(Aster novae-angliae)
4

Neuengland-Aster
Korbblütengewächse *(Asteraceae)*
Herkunft: Nordamerika
Höhe: 50–150 cm
Wuchs: Ausdauernd, mit aufrechtem, im
Blütenstandbereich verzweigtem Stängel und
lanzettlichen, ganzrandigen Blättern.
Vorkommen, Verwendung: Für gemischte
Beete und Rabatten; humose, nährstoffreiche,
frische Lehmböden; sonnige Standorte.
Vermehrung durch Teilung oder Stecklinge.
Blüten: ✳ in Körbchen, doldig am Ende des
Stängels und der Zweige. Scheibenblüten als
zwittrige Röhrenblüten, gelb, Randblüten als

weibliche Zungenblüten, rosa, rot, violett,
dunkelblau oder purpurn.
Pollenhöschenfarbe: gelb
Viele Sorten; unter weiteren Arten: Glattblatt-
Aster *(Aster novi-belgii)* in vielen Sorten

Nektar						
Mär	Apr	Mai	Jun	Jul	Aug	Sep
					3 3	3 3

Pollen						
Mär	Apr	Mai	Jun	Jul	Aug	Sep
					3 3	3 3

Becherpflanze
(Silphium perfoliatum)

4

Durchwachsene Silphie
Korbblütengewächse *(Asteraceae)*
Herkunft: Nordamerika
Höhe: 100–200 cm
Wuchs: Ausdauernd, mit aufrechtem, oben verzweigtem Stängel und dreieckig- bis eiförmigen Blättern. Die gegenüberstehenden Blätter sind am Stängel becherartig verwachsen.
Vorkommen, Verwendung: Futter- und potentielle Energiepflanze; Zierpflanze für gemischte Rabatten; stickstoffreiche, frische Böden; sonnige oder halbschattige Standorte. Vermehrung durch Teilung oder Aussaat.
Blüten: ✳ in Körbchen, einzeln am Ende des

Stängels und der Zweige. Randblüten als weibliche Zungenblüten, goldgelb, Scheibenblüten als Röhrenblüten, zwittrig, funktionell männlich, dunkelgelb.
Pollenhöschenfarbe: dunkelgelb
Weitere Silphium-Arten

Nektar						
Mär	Apr	Mai	Jun	Jul	Aug	Sep
				3	3 3	3 3

Pollen						
Mär	Apr	Mai	Jun	Jul	Aug	Sep
				2	2 2	2 2

Garten-Chrysantheme
(Chrysanthemum x grandiflorum)

4

Gärtner-Chrysantheme
Korbblütengewächse *(Asteraceae)*
Herkunft: Wahrscheinlich China; Hybride, Mutterpflanze Hunderter von Zuchtsorten
Höhe: 50–120 cm
Wuchs: Stauden mit aufrechtem Stängel und gelappten Blättern
Vorkommen, Verwendung: Vielseitige Einsatzmöglichkeit auf sandig-lehmigen, nährstoffreichen, tiefgründigen, frischen Böden an sonnigen Standorten. Vermehrung durch Teilung, Aussaat oder Stecklinge
Blüten: ✳ in Körbchen unterschiedlicher Größe und Gestalt, in der Mitte Röhrenblüten,

zwittrig, gelb, am Rand Strahlenblüten, weiblich, in Weiß, Gelb, Bronze, Pink, Rot oder Violett.
Pollenhöschenfarbe: gelblich
Viele Sorten

Nektar						
Mär	Apr	Mai	Jun	Jul	Aug	Sep
					2 2	2 2

Pollen						
Mär	Apr	Mai	Jun	Jul	Aug	Sep
					2 2	2 2

Garten-Dahlie
(Dahlia-Hybriden)

☉ 4

Georgine
Korbblütengewächse *(Asteraceae)*
Herkunft: Mittelamerika
Höhe: 15–120 cm
Wuchs: Aufrecht buschig wachsende Stauden.
Vorkommen, Verwendung: Bunte Beete und Staudenpflanzungen auf sandig-lehmigen, frischen Böden an sonnigen Standorten. Frostempfindlich; deshalb einjährige Anzucht aus Samen; oder Überwinterung der Knollen in Torf oder Sand kühl, aber frostfrei; nach dem letzten Frost teilen und auspflanzen.
Blüten: ✳ In Körbchen unterschiedlicher Form; als Bienenweide einfach blühende Sorten.

Pollenhöschenfarbe: rotgelb
Zahlreiche Sorten weiß, gelb, rosa, rotm, violett

Nektar						
Mär	Apr	Mai	Jun	Jul	Aug	Sep
				2 2	2 2	2 2

Pollen						
Mär	Apr	Mai	Jun	Jul	Aug	Sep
				2 2	2 2	2 2

Gewöhnliche Eselsdistel
(Onopordum acanthium)

⊙⊙

Korbblütengewächse *(Asteraceae)*
Herkunft: Europa, Westasien
Höhe: 50–200 cm
Wuchs: Zweijährige Pflanze mit Blattrosette im 1. Jahr, vielästig mit stachelig geflügelten Trieben, stachelige, gezähnte Blätter im 2. Jahr.
Vorkommen, Verwendung: Zier- und Heilpflanze für lehmigen, durchlässigen Boden und sonnigen, windgeschützten Standort. Vermehrung durch Samen, auch Selbstaussaat.
Blüten: ✳ in Körbchen, meist einzeln am Ende des Stängels und der Zweige. Nur Röhrenblüten, violett.
Pollenhöschenfarbe: weißgelb

Ähnlich: Mariendistel *(Silybum marianum)*

Nektar						
Mär	Apr	Mai	Jun	Jul	Aug	Sep
				2 2	2 2	2

Pollen						
Mär	Apr	Mai	Jun	Jul	Aug	Sep
				2 2	2 2	2

Einjähriger Feinstrahl
(Erigeron annuus)   ⊙

Feinstrahl-Aster, Einjähriges Berufkraut
Korbblütengewächse *(Asteraceae)*
Herkunft: Nordamerika
Höhe: 30–50 cm
Wuchs: Einjährig, mit aufrechtem, in der oberen Hälfte verzweigtem Stängel und breit-lanzettlichen, grob gezähnten Blättern.
Vorkommen, Verwendung: verwildert in Ufergebüschen, Auenwäldern und auf Ödland; Zierpflanze für Rabatten; sandig-lehmige, mäßig nährstoffreiche, frische Böden; Sonne.
Blüten: ❋ In kleinen Körbchen, rispenförmiger Gesamtblütenstand. Röhrenblüten gelb, Strahlenblüten weißlich.

Pollenhöschenfarbe: orange
Zahlreiche Arten und Sorten
(*Erigeron-Speciosus*-Gruppe)

Nektar						
Mär	Apr	Mai	Jun	Jul	Aug	Sep
			2 2	2 2	2 2	2

Pollen						
Mär	Apr	Mai	Jun	Jul	Aug	Sep
			2 2	2 2	2 2	2

Berg-Flockenblume
(Centaurea montana)   ♃

Korbblütengewächse *(Asteraceae)*
Herkunft: Europa
Höhe: 10–60 cm
Wuchs: Staude mit aufrechtem Stängel und zahlreichen, schmal-eiförmigen Blättern.
Vorkommen, Verwendung: Feuchte Bergwiesen, Schluchtwälder der Gebirge. Zierpflanze für Beete und am Rand von Gehölzen auf durchlässigen, sandig-lehmigen, etwas kalkhaltigen Böden in Sonne bis Halbschatten.
Blüten: ❋ in einzelnen Körbchen am Ende des Stängels und der Zweige, nur Röhrenblüten. Randblüten weit auseinander stehend, blau, innere Korbblüten violett.

Pollenhöschenfarbe: gelblich weiß
Weitere Zier-Arten: Riesen-F. *(C. macrocephala)*; Kaukasus-F. *(C. dealbata)*

Nektar						
Mär	Apr	Mai	Jun	Jul	Aug	Sep
		3	3 3	3 3	3 3	3 3

Pollen						
Mär	Apr	Mai	Jun	Jul	Aug	Sep
		2	2 2	2 2	2 2	2 2

Wiesen-Flockenblume 4
(Centaurea jacea)

Korbblütengewächse *(Asteraceae)*
Herkunft: Europa, Asien
Höhe: 10–70 cm
Wuchs: Staude mit aufrechtem, meist ästigem Stängel und schmal-eiförmigen bis lanzettlichen, unten fiederspaltigen Blättern.
Vorkommen, Verwendung: Wiesen, Weiden, Flachmoore, Trockenrasen, Wegraine. Liebt mäßig nährstoffreichen, lehmigen Boden.
Blüten: ❀ am Ende des Stängels in Körbchen, nur Röhrenblüten, die äußeren strahlig abgespreizt, bläulich-rosa bis purpurn.
Pollenhöschenfarbe: gelblich weiß
Unter weiteren Arten: Bunte F. *(C. triumfettii)*

Nektar							
Mär	Apr	Mai	Jun	Jul	Aug	Sep	
		3	3 3	3 3	3 3	3 3	

Pollen							
Mär	Apr	Mai	Jun	Jul	Aug	Sep	
		2	2 2	2 2	2 2	2 2	

Kanadische Goldrute 4
(Solidago canadensis)

Korbblütengewächse *(Asteraceae)*
Herkunft: Kanada, in Europa eingebürgert
Höhe: 20–200 cm
Wuchs: Ausdauernd, mit aufrechtem, im Blütenbereich verzweigtem Stängel und lanzettlichen, im unteren Bereich gezähnten Blättern
Vorkommen, Verwendung: Ufer, Bahndämme, Waldränder, Flusstäler, Ödland. Zierpflanze für gemischte Rabatten, vor Hecken, Gehölzränder, durchlässige, frische Böden an sonnigem Standort. Vermehrung: Teilen oder Stecklinge.
Blüten: ❀ in kleinen Körbchen, zahlreich in einem Gesamtblütenstand aus vielen bogig gekrümmten Trauben. Randblüten als Zungenblüten, weiblich, nicht länger als die inneren zwittrigen Röhrenblüten, goldgelb.
Pollenhöschenfarbe: wachsgelb
Viele Sorten, verwandt: Echte G. *(S. virgaurea)*

Nektar							
Mär	Apr	Mai	Jun	Jul	Aug	Sep	
				3	3 3	3 3	

Pollen							
Mär	Apr	Mai	Jun	Jul	Aug	Sep	
				2	2 2	2 2	

Riesen-Goldrute
(Solidago gigantea)
4

Späte Goldrute
Korbblütengewächse *(Asteraceae)*
Herkunft: Nordamerika, in Europa verwildert
Höhe: 50–150 cm
Wuchs: Ausdauernde Pflanze mit aufrechtem, oben verzweigtem Stängel und lanzettlichen, im unteren Bereich gezähnten Blättern.
Vorkommen, Verwendung: Ufer, Waldränder, Ödland. Für gemischte Rabatten, vor Hecken; durchlässige, frische, nährstoffhaltige Böden; Sonne. Vermehrung: Teilen oder Stecklinge.
Blüten: ✲ in kleinen Körbchen, zahlreich in einem Gesamtblütenstand aus vielen bogig gekrümmten Trauben. Randblüten als Zungen-

blüten, weiblich, deutlich länger als die inneren zwittrigen Röhrenblüten, goldgelb.
Pollenhöschenfarbe: ockergelb
Viele, auch nicht wuchernde, **Sorten**

Nektar						
Mär	Apr	Mai	Jun	Jul	Aug	Sep
				3	3 3	3 3

Pollen						
Mär	Apr	Mai	Jun	Jul	Aug	Sep
				2	2 2	2 2

Jakobs-Greiskraut
(Senecio jacobaea)
☺4

Jakobs-Kreuzkraut
Korbblütengewächse *(Asteraceae)*
Herkunft: Europa, Asien
Höhe: 30–120 cm
Wuchs: Zweijährig bis ausdauernd, mit aufrechtem, oben verzweigtem Stängel und fiederteiligen Blättern
Vorkommen, Verwendung: Wild- und Heilpflanze; Raine, Weg- und Waldränder, Wiesen; liebt tiefgründigen, etwas steinigen, zeitweise feuchten Lehmboden.
Blüten: ✲ in Körbchen, als Trugdolden angeordnet. Scheibenblüten zwittrig, Randblüten als Zungenblüten, weiblich, hell goldgelb.

Pollenhöschenfarbe: gelblich
Viele Arten als Wild- und Zierpflanzen

Nektar						
Mär	Apr	Mai	Jun	Jul	Aug	Sep
			2	2 2	2 2	2 2

Pollen						
Mär	Apr	Mai	Jun	Jul	Aug	Sep
			2	2 2	2 2	2 2

Huflattich
(Tussilago farfara) 4

Korbblütengewächse*(Asteraceae)*
Herkunft: Europa, West- und Nordasien,
Nordafrika
Höhe: 10–20 cm
Wuchs: Ausdauernde Wild- und Heil-
pflanze mit Blattschuppen am Stängel
und großen, rundlich-herzförmigen Blättern.
Vorkommen, Verwendung: lückig bewachsene
Flächen an Ufern, Wegen und Dämmen. Liebt
kalkhaltigen, humusarmen, feuchten Boden.
Blüten: ✳ in Körbchen, endständig einzeln,
vor Erscheinen der Blätter. Randblüten mehr-
reihig, weiblich, Scheibenblüten scheinzwitt-
rig, männlich, goldgelb.

Pollenhöschenfarbe: rotgelb
Verwandte Zierpflanzen: Goldkolben
(*Ligularia*-Arten und -hybriden)

Nektar								Pollen							
Mär	Apr	Mai	Jun	Jul	Aug	Sep		Mär	Apr	Mai	Jun	Jul	Aug	Sep	
2 2	2 2							3 3	3 3						

Färber-Hundskamille
(Anthemis tinctoria) 4

Färberkamille
Korbblütengewächse*(Asteraceae)*
Herkunft: Europa, Westasien
Höhe: 30–100 cm
Wuchs: Staude mit aufrechtem Stängel und
fiederteiligen Blättern.
Vorkommen, Verwendung: Trockenrasen,
Dämme, Wege; für Steingärten und Böschun-
gen; steinig-trockene, kalkarme Böden.
Blüten: ✳ in Körbchen am Ende des Stängels
und der Zweige. Röhrenblüten zwittrig, Strah-
lenblüten weiblich, blassgelb bis goldgelb.
Pollenhöschenfarbe: orange
Weitere Arten als Wild- und Zierpflanzen.

Nektar							Pollen						
Mär	Apr	Mai	Jun	Jul	Aug	Sep	Mär	Apr	Mai	Jun	Jul	Aug	Sep
			2	2 2	2 2	2				2	2 2	2 2	2

Filzige Klette
(Arctium tomentosum) ⊙⊙

Filz-Klette
Korbblütengewächse *(Asteraceae)*
Herkunft: Europa, Westasien
Höhe: 50–150 cm
Wuchs: Zweijährige Wild- und Heilpflanze,
aufrechter, verzweigter Stängel, große Blätter.
Vorkommen, Verwendung: Wege, Böschun-
gen, Ödland; bevorzugt stickstoff- und kalk-
haltige Lehmböden.
Blüten: ✿ in kugeligen spinnwebartig
behaarten Körbchen, zu mehreren rispig
am Ende des Stängels. Nur Röhrenblüten,
weinrot bis purpurrot.
Pollenhöschenfarbe: weißgelb

Verwandt: Große K. *(A. lappa)*;
Kleine K. *(A. minus)*

Nektar						
Mär	Apr	Mai	Jun	Jul	Aug	Sep
				2	2 2	2

Pollen						
Mär	Apr	Mai	Jun	Jul	Aug	Sep
				2	2 2	2

Kornblume
(Centaurea cyanus) ⊙

Korbblütengewächse *(Asteraceae)*
Herkunft: Europa, Nordasien
Höhe: 20–90 cm
Wuchs: Einjährig, aufrechter, ästiger Stängel,
lanzettliche, unten fiederteilige Blätter.
Vorkommen, Verwendung: Getreide- und
Rapsfelder, ackernahes Ödland. Zierpflanze für
gemischte Rabatten und bunte Beete auf lehmigem Boden. Vermehrung durch Aussaat. Sät
sich selbst aus.
Blüten: ✿ in Körbchen am Ende des Stängels
und der Seitentriebe, nur Röhrenblüten, die
inneren violett, zwittrig, die äußeren strahlig
abgespreizt, unfruchtbar, blau.

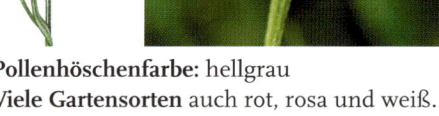

Pollenhöschenfarbe: hellgrau
Viele Gartensorten auch rot, rosa und weiß.

Nektar						
Mär	Apr	Mai	Jun	Jul	Aug	Sep
			3 3	3 3	3 3	3 3

Pollen						
Mär	Apr	Mai	Jun	Jul	Aug	Sep
			2 2	2 2	2 2	2 2

Acker-Kratzdistel   4
(Cirsium arvense)

Korbblütengewächse *(Asteraceae)*
Herkunft: Europa, Asien, Nordafrika
Höhe: 50–150 cm
Wuchs: Ausdauernd, mit aufrechtem, in der oberen Hälfte verzweigtem Stängel und schmal-eiförmigen bis lanzettlichen, bestachelten Blättern.
Vorkommen, Verwendung: Äcker, Schuttplätze, Weinberge, Wege. Liebt lehmigen, nährstoffreichen, tiefgründigen Boden.
Blüten: ✿ in Körbchen, meist zu 3–5 lockertraubig am Ende des Stängels und der Zweige. Nur Röhrenblüten, lila.
Pollenhöschenfarbe: gelblich

Unter weiteren Arten als Wild- und Zierpflanzen: Wollkopf-K. *(C. eriophorum)*

Nektar							Pollen						
Mär	Apr	Mai	Jun	Jul	Aug	Sep	Mär	Apr	Mai	Jun	Jul	Aug	Sep
			3	3 3	3 3					2	2 2	2 2	

Kohl-Kratzdistel   4
(Cirsium oleraceum)

Kohl-Distel, Pferdekohl
Korbblütengewächse *(Asteraceae)*
Herkunft: Europa, Westasien
Höhe: 50–150 cm
Wuchs: Ausdauernde Wildpflanze mit aufrechtem, wenig verzweigtem Stängel und fiederspaltigen Blättern mit gezähnten Zipfeln.
Vorkommen, Verwendung: nasse Wiesen, Flachmoore, Bachufer, Auwälder; liebt grundwasserfeuchten, nährstoffreichen Lehmboden.
Blüten: ✿ in Körbchen, endständig, von weichstacheligen Hochblättern umgeben. Nur Röhrenblüten, gelblich weiß.
Pollenhöschenfarbe: gelblich

Unter weiteren Arten: Sumpf-K. *(C. palustre)*

Nektar							Pollen						
Mär	Apr	Mai	Jun	Jul	Aug	Sep	Mär	Apr	Mai	Jun	Jul	Aug	Sep
				3 3	3 3	3 3					2 2	2 2	2 2

Griechische Kugeldistel   4
(Echinops ritro)

Honigdistel
Korbblütengewächse *(Asteraceae)*
Herkunft: Südeuropa, Zentralasien, Afrika
Höhe: 50–200 cm
Wuchs: Ausdauernd, aufrechter Stängel, wechselständige, fiederteilige, stachelige Blätter.
Vorkommen, Verwendung: Naturnahe Beet- und Staudenpflanzungen; sandig-lehmige, etwas kalkhaltige Böden und sonniger Standort. Vermehrung: Teilen, Stecklinge, Aussaat.
Blüten: ✳ in zahlreichen Körbchen, aus einer zwittrigen Röhrenblüte bestehend, zu einem kugeligen Blütenstand vereint, violettblau.
Pollenhöschenfarbe: bläulich

Verwandte Arten: Drüsige K. *(E. sphaerocephalus)*; Banater K. *(E. bannaticus)*

Nektar						
Mär	Apr	Mai	Jun	Jul	Aug	Sep
				3 3	3 3	

Pollen						
Mär	Apr	Mai	Jun	Jul	Aug	Sep
				2 2	2 2	

Gewöhnlicher Löwenzahn   4
(Taraxacum sectio Ruderale)

Wiesen-Löwenzahn, Kuhblume, Pusteblume, Pfaffenröhrlein
Korbblütengewächse *(Asteraceae)*
Herkunft: Nördliche Hemisphäre
Höhe: 5–60 cm
Wuchs: Ausdauernd, mit blattlosen Stängeln und schrotsägeförmig fiederteiligen Blättern in einer grundständigen Rosette.
Vorkommen, Verwendung: Wiesen, Weiden, Äcker, Schuttplätze, Wegraine und Gärten auf nährstoffreichem Boden. Heilpflanze; in manchen Ländern als Salatpflanze angebaut. Vermehrung: Samenverbreitung bzw. Aussaat
Blüten: ✳ in großen, einzelnen Körbchen am

Ende der Stängel. Nur Zungenblüten, zwittrig, goldgelb.
Pollenhöschenfarbe: rötlich gelb
Große Vielfalt an schwer unterscheidbaren Arten und Kleinarten.

Nektar						
Mär	Apr	Mai	Jun	Jul	Aug	Sep
	3 3	3 3	3			

Pollen						
Mär	Apr	Mai	Jun	Jul	Aug	Sep
	4 4	4 4	4			

Lanzettblättriges Mädchenauge
(Coreopsis lanceolata) 2↓

Kleines Mädchenauge, Schöngesicht,
Schönauge
Korbblütengewächse *(Asteraceae)*
Herkunft: Nordamerika
Höhe: 20–60 cm
Wuchs: Ausdauernd, buschig, mit lanzett-
lichen Blättern.
Vorkommen, Verwendung: Für gemischte
Beete, niedrige Formen auch als Einfassung,
auf sandig-lehmigem, mäßig nährstoffrei-
chem, frischem Boden an sonnigem Standort.
Vermehrung: Teilung, Stecklinge oder Aussaat.
Blüten: ✿ in Körbchen, zahlreich am Ende
des Stängels und der Zweige. Scheibenblüten
als zwittrige Röhrenblüten, gelb, Randblüten
als Zungenblüten, leuchtend gelb.
Pollenhöschenfarbe: rotgelb
Mehrere Sorten und weitere Arten

Nektar						
Mär	Apr	Mai	Jun	Jul	Aug	Sep
				2 2	2 2	2 2

Pollen						
Mär	Apr	Mai	Jun	Jul	Aug	Sep
				2 2	2 2	2 2

Gewöhnlicher Rainfarn
(Tanacetum vulgare) 2↓

Wurmkraut
Korbblütengewächse *(Asteraceae)*
Herkunft: Europa, Westasien
Höhe: 40–150 cm
Wuchs: Ausdauernd, mit aufrechtem, oben ver-
zweigtem Stängel und fiederteiligen Blättern.
Vorkommen, Verwendung: Wege, Dämme,
Waldränder, Ödland. Als Zierpflanze
anspruchslos, liebt stickstoffhaltigen, sandigen
Lehm- oder Tonboden. Vermehrung: Teilung.
Blüten: ✿ in kleinen halbkugeligen Körbchen,
endständig in Trugdolden. Nur Röhrenblüten,
goldgelb.
Pollenhöschenfarbe: gelborange

Weitere Arten als Zierpflanzen in vielen Sorten: Bunte Margerite *(T. coccineum);* Mutter-
kraut *(T. parthenium)*

Nektar						
Mär	Apr	Mai	Jun	Jul	Aug	Sep
				2 2	2 2	2 2

Pollen						
Mär	Apr	Mai	Jun	Jul	Aug	Sep
				2 2	2 2	2 2

Garten-Ringelblume
(Calendula officinalis)
⊙

Sonnwendblume, Goldblume
Korbblütengewächse(Asteraceae)
Herkunft: Südeuropa
Höhe: 20–60 cm
Wuchs: Einjährig, buschig mit lanzettlichen Blättern.
Vorkommen, Verwendung: Zier- und Heilpflanze; bunte Beete, gemischte Rabatten,
durchlässige, sandig-lehmige, frische Böden,
sonniger Standort. Aussaat ab April ins Beet
oder Auspflanzung Mitte Mai nach Anzucht.
Blüten: ❀ in Körbchen, traubig am Ende der
verzweigten Stängel angeordnet. Scheibenblüten als Röhrenblüten, zwittrig, funktionell

männlich, Randblüten als Zungenblüten, weib-
lich, cremeweiß, gelb bis tieforange.
Pollenhöschenfarbe: orange
Viele Sorten; weitere Art: Acker-Ringelblume
(Calendula arvensis)

Nektar						
Mär	Apr	Mai	Jun	Jul	Aug	Sep
			2	2 2	2 2	2 2

Pollen						
Mär	Apr	Mai	Jun	Jul	Aug	Sep
			2	2 2	2 2	2 2

Gewöhnliche Schafgarbe
(Achillea millefolium)
4

Wiesen-Schafgarbe
Korbblütengewächse *(Asteraceae)*
Herkunft: Europa, Asien
Höhe: 30–100 cm
Wuchs: Ausdauernde Wild- und Heilpflanze
mit aufrechtem, nur oben verzweigtem Stängel
und 2–3-fach fiederteiligen Blättern
Vorkommen, Verwendung: Halbtrockenrasen,
trockene Wiesen, Dämme und Wegränder.
Anspruchslos an den Boden, stickstoffliebend.
Blüten: ❀ in sehr kleinen Körbchen, endstän-
dig in Trugdolden angeordnet. Innen 2–9
Scheibenblüten als Röhrenblüten, weißlich,
außen 5 Zungenblüten, weiß oder zartrosa.

Pollenhöschenfarbe: ocker
**Viele Sorten als Zierpflanzen; unter weiteren
Arten:** Gold-Garbe *(A. filipendulina)*

Nektar						
Mär	Apr	Mai	Jun	Jul	Aug	Sep
			1 1	1 1	1 1	1 1

Pollen						
Mär	Apr	Mai	Jun	Jul	Aug	Sep
			2 2	2 2	2 2	2 2

Roter Scheinsonnenhut
(Echinacea purpurea)

4

Roter Sonnenhut, Purpur-Sonnenhut
Korbblütengewächse *(Asteraceae)*
Herkunft: Nordamerika
Höhe: 70–100 cm
Wuchs: Ausdauernd, Horst bildend, aufrecht, mit breit-lanzettlichen Blättern.
Vorkommen, Verwendung: Zier- und Heilpflanze, gemischte Beete und Rabatten, sandiglehmige, frische Böden an sonnigem Standort. Vermehrung durch Aussaat oder Teilung.
Blüten: ✳ am Ende des Stängels und der Zweige in Körbchen. Blütenboden kugel- oder kegelförmig erhöht, zwittrige Röhrenblüten, orangebraun oder grünlich.

Randblüten als geschlechtslose Zungenblüten, rot, purpurrot oder weiß.
Pollenhöschenfarbe: gelbbraun
Mehrere Sorten; unter weiteren Arten:
Schmalblättriger Sch. *(E. angustifolia)*

Nektar						
Mär	Apr	Mai	Jun	Jul	Aug	Sep
				2 2	2 2	2 2

Pollen						
Mär	Apr	Mai	Jun	Jul	Aug	Sep
				2 2	2 2	2 2

Fiederblättriges Schmuckkörbchen
(Cosmos bipinnatus)

☉

Gemeine Kosmee, Mexikanische Aster
Korbblütengewächse *(Asteraceae)*
Herkunft: Mittelamerika
Höhe: 40–120 cm
Wuchs: Einjährig, mit aufrechtem, oben verzweigtem Stängel und fiederschnittigen Blättern.
Vorkommen, Verwendung: Bunte Beete, höhere Formen als Hintergrund, sandig-humose, frische Böden, Sonne. Aussaat im Mai ins Beet oder nach Anzucht Auspflanzung Mitte Mai.
Blüten: ✳ in großen Körbchen am Ende des Stängels und der Zweige. Scheibenblüten als zwittrige Röhrenblüten, Randblüten als Zun-

genblüten, weiß, gelb, orange, purpurn, rot oder braun.
Pollenhöschenfarbe: gelblich
Mehrere Sorten; unter weiteren Arten:
Gelbes Sch. *(C. sulphureus)* in Sorten

Nektar						
Mär	Apr	Mai	Jun	Jul	Aug	Sep
				2 2	2 2	2 2

Pollen						
Mär	Apr	Mai	Jun	Jul	Aug	Sep
				2 2	2 2	2 2

Sonnenauge
(Heliopsis helianthoides)
4

Korbblütengewächse (Asteraceae)
Herkunft: Nordamerika
Höhe: 60–150 cm
Wuchs: Ausdauernd, aufrecht buschig, Horst bildend, mit breit-lanzettlichen Blättern.
Vorkommen, Verwendung: Zierpflanze für gemischte Rabatten in Gruppen auf sandig-humosem, stickstoffreichem, frischem Boden an sonnigem oder halbschattigem Standort. Vermehrung durch Teilung.
Blüten: ✳ in Körbchen, einzeln am Ende des Stängels und der Zweige. Scheibenblüten als Röhrenblüten, gelb; Randblüten als Zungenblüten, goldgelb.

Pollenhöschenfarbe: dunkelgelb
Mehrere Sorten; Unterart: *H. h. var. scabra* in vielen Sorten

Nektar						
Mär	Apr	Mai	Jun	Jul	Aug	Sep
				3	3 3	3 3

Pollen						
Mär	Apr	Mai	Jun	Jul	Aug	Sep
				2	2 2	2 2

Gewöhnliche Sonnenblume
(Helianthus annuus)
☉

Korbblütengewächse (Asteraceae)
Herkunft: Amerika
Höhe: 100–300 cm
Wuchs: Einjährig, mit aufrechtem, kaum verzweigtem Stängel und herzförmigen Blättern.
Vorkommen, Verwendung: Landwirtschaftlicher Anbau als Ölfrucht und Futter; als Zierpflanze in unterschiedlichen Wuchshöhen, für gemischte Rabatten und vor Gehölzen an sonnigem Standort. Liebt nährstoffreichen, frischen, lehmigen Boden.
Blüten: ✳ in großen Körbchen, einzeln am Ende des Stängels. Scheibenblüten zahlreich als zwittrige Röhrenblüten, gelbbraun; Rand-

blüten als geschlechtslose Zungenblüten, goldgelb, in Ziersorten auch rot.
Pollenhöschenfarbe: dunkelgelb
Viele Sorten; unter weiteren Arten: Stauden-S. (*H. decapetalus*) in vielen Sorten

Nektar						
Mär	Apr	Mai	Jun	Jul	Aug	Sep
				3 3	3 3	3

Pollen						
Mär	Apr	Mai	Jun	Jul	Aug	Sep
				3 3	3 3	3

Herbst-Sonnenbraut
(Helenium autumnale)
4

Gewöhnliche Sonnenbraut
Korbblütengewächse *(Asteraceae)*
Herkunft: Nordamerika
Höhe: 50–150 cm
Wuchs: Ausdauernd, Horst bildend, aufrecht,
mit ovalen bis lanzettlichen Blättern.
Vorkommen, Verwendung: Zierpflanze für
gemischte Rabatten, auch in mehreren Sorten
zusammen, auf sandig-lehmigem, nährstoffrei-
chem, frischem Boden an sonnigem Standort.
Vermehrung: Teilung oder Stecklinge.
Blüten: ✲ am Ende des Stängels und der Zwei-
ge in Körbchen. Blütenboden kugelig erhöht,
Röhrenblüten, braun. Randblüten als Zungen-

blüten, in Sorten gelb bis kastanienbraun, auch
in Mischungen aus Gelb bis Rotbraun.
Pollenhöschenfarbe: orange
Mehrere Sorten und weitere Arten in Sorten

Nektar – Blütezeit und Wertzahl						
Mär	Apr	Mai	Jun	Jul	Aug	Sep
				3 3	3 3	3 3

Pollen – Blütezeit und Wertzahl						
Mär	Apr	Mai	Jun	Jul	Aug	Sep
				4 4	4 4	4 4

Prächtiger Sonnenhut
(Rudbeckia fulgida)
4

Gewöhnlicher Sonnenhut
Korbblütengewächse *(Asteraceae)*
Herkunft: Nordamerika
Höhe: 50–100 cm
Wuchs: Ausdauernd, mit aufrecht buschigem
Wuchs und lanzettlichen Blättern.
Vorkommen, Verwendung: Für Gruppenpflan-
zung in gemischten Beeten auf sandig-lehmi-
gem, nährstoffreichem, frischem bis feuchtem
Boden an sonnigem Standort. Vermehrung
durch Teilung oder Aussaat.
Blüten: ✲ in Körbchen am Ende des Stängels
und der Zweige. Blütenboden kegelförmig
erhöht, zwittrige Röhrenblüten, braun, Rand-

blüten als geschlechtslose Zungenblüten, gold-
bis orangegelb.
Pollenhöschenfarbe: dunkelgelb
Mehrere Sorten

Nektar						
Mär	Apr	Mai	Jun	Jul	Aug	Sep
				2 2	2 2	2 2

Pollen						
Mär	Apr	Mai	Jun	Jul	Aug	Sep
				2 2	2 2	2 2

Schlitzblättriger Sonnenhut (Rudbeckia laciniata) 4

Langer Heinrich
Korbblütengewächse *(Asteraceae)*
Herkunft: Nordamerika
Höhe: 100–300 cm
Wuchs: Ausdauernde Zierpflanze mit aufrechtem, wenig verzweigtem Stängel und lanzettlichen, unten fiederteiligen Blättern.
Vorkommen, Verwendung: Vor Zäune, Wände und höhere Koniferen, auf sandigem, frischem Lehmboden an sonnigem, windgeschütztem Standort. Vermehrung durch Teilung oder Stecklinge.
Blüten: ✵ in Körbchen am Ende des Stängels und der Zweige. Blütenboden kegelförmig erhöht, zwittrige Röhrenblüten, braun. Randblüten als geschlechtslose Zungenblüten, goldgelb.
Pollenhöschenfarbe: dunkelgelb
Mehrere Sorten; unter weiteren Arten: Rauer S. *(R. hirta)*; Glänzender S. *(R. nitida)*

Nektar						
Mär	Apr	Mai	Jun	Jul	Aug	Sep
				2 2	2 2	2 2

Pollen						
Mär	Apr	Mai	Jun	Jul	Aug	Sep
				2 2	2 2	2 2

Gestreifte Mexikanische Studentenblume (Tagetes tenuifolia) ☉

Gewürz-Tagetes, Sammetblume
Korbblütengewächse *(Asteraceae)*
Herkunft: Mexiko
Höhe: 20–30 cm
Wuchs: Einjährig, buschig mit fiederteiligen Blättern.
Vorkommen, Verwendung: Für Gruppen in Beeten, Kästen, Kübeln sowie als Randpflanzung auf lehmigen, frischen Böden; Sonne. Aussaat März im Haus, Auspflanzung Mitte Mai, für spätere Blüte Direktsaat Mitte Mai.
Blüten: ✵ in Körbchen, zu mehreren doldentraubig am Ende der verzweigten Stängel.
Scheibenblüten als Röhrenblüten, zwittrig, Randblüten als Zungenblüten, weiblich, gelb, orange und rotbraun.
Pollenhöschenfarbe: gelblich
In Sorten; unter weiteren Arten: Hohe S. *(T. erecta)*; Kleine S. *(T. x patula)*, jeweils viele Sorten

Nektar						
Mär	Apr	Mai	Jun	Jul	Aug	Sep
			2 2	2 2	2 2	2 2

Pollen						
Mär	Apr	Mai	Jun	Jul	Aug	Sep
			1 1	1 1	1 1	1 1

Topinambur
(Helianthus tuberosus) 4

Erdbirne, Indianerknolle
Korbblütengewächse *(Asteraceae)*
Herkunft: Nordamerika, in Europa eingebürgert
Höhe: 100–300 cm
Wuchs: Ausdauernde Wild-, Gemüse-, Futter- und Zierpflanze, oben verzweigter Stängel, breit-lanzettliche, gezähnte Blätter.
Vorkommen, Verwendung: Flusstäler, Waldränder, Ödland. Als Zierpflanze für Rabatten und vor Gehölzen auf stickstoffreichem, frischem Boden an sonnigem oder halbschattigem Standort. Vermehrung durch Knollen.
Blüten: ☼ in Körbchen, einzeln am Ende des Stängels und der Zweige. Scheibenblüten als zwittrige Röhrenblüten, gelb. Randblüten als geschlechtslose Zungenblüten, goldgelb,
Pollenhöschenfarbe: dunkelgelb
Unter weiteren Arten: Weidenblättrige Sonnenblume (*H. salicifolius*)

Nektar							Pollen						
Mär	Apr	Mai	Jun	Jul	Aug	Sep	Mär	Apr	Mai	Jun	Jul	Aug	Sep
					2 2	2 2						2 2	2 2

Gewöhnlicher Wasserdost
(Eupatorium cannabinum) 4

Wasserhanf, Kunigundenkraut
Korbblütengewächse *(Asteraceae)*
Herkunft: Europa, Westasien
Höhe: 70–150 cm
Wuchs: Ausdauernde Wild- und Heilpflanze mit aufrechtem, in der oberen Hälfte verzweigtem Stängel und meist dreiteilig handförmigen, gezähnten Blättern.
Vorkommen, Verwendung: Lichte Laubwälder, Auwälder, Kahlschläge, Ufer, liebt feuchten, nährstoff- und kalkhaltigen Boden.
Blüten: ☼ am Ende des Stängels in wenigblütigen Körbchen, die in Trugdolden zusammenstehen. Nur Röhrenblüten, hell- bis dunkelrosa.
Pollenhöschenfarbe: gelblich
Unter weiteren Arten als Zierpflanzen:
Gefleckter W. *(E. maculatum)* in Sorten

Nektar							Pollen						
Mär	Apr	Mai	Jun	Jul	Aug	Sep	Mär	Apr	Mai	Jun	Jul	Aug	Sep
				3 3	3 3	3 3					2 2	2 2	2 2

Gewöhnliche Wegwarte
(Cichorium intybus)   4

Zichorie
Korbblütengewächse *(Asteraceae)*
Herkunft: Europa, Westasien
Höhe: 30–130 cm
Wuchs: Ausdauernd, mit aufrechtem, geknickt
sparrig verzweigtem Stängel; untere Blätter
schrotsägeförmig, obere lanzettlich.
Vorkommen, Verwendung: Wegränder, trocke-
ne Wiesen, Ödland. Nutz- und Heilpflanze für
stickstoffreichen, frischen Lehmboden.
Blüten: ✳ an den Enden der Stängel, Äste und
in den Astwinkeln in Körbchen. Nur Zungen-
blüten, hellblau.
Pollenhöschenfarbe: graugelb

Unterarten: Kaffee-Zichorie *(C. i. var. sativum)*;
Chicoree *(C. i. var. foliosum)*
Verwandt: Endivie *(C. endivia)*

Nektar							Pollen						
Mär	Apr	Mai	Jun	Jul	Aug	Sep	Mär	Apr	Mai	Jun	Jul	Aug	Sep
				3 3	3 3	3					3 3	3 3	3

Acker-Hederich
(Raphanus raphanistrum)   ☉

Kreuzblütengewächse *(Brassicaceae)*
Herkunft: Europa, Asien
Höhe: 30–60 cm
Wuchs: Einjährige Wildpflanze mit aufrech-
tem, verzweigtem Stängel und fiederteiligen,
oben ungeteilten gezähnten Blättern.
Vorkommen, Verwendung: Ödland, Äcker.
Kalkarme, schwach saure Lehmböden.
Blüten: ✕ in lockeren Trauben am Ende
des Stängels und der Zweige, meist weiß mit
violetten Adern, auch hellviolett oder hellgelb.
Pollenhöschenfarbe: gelb
Unter weiteren: Senfrauke *(Eruca sativa)*;
Wiesen-Schaumkraut *(Cardamine pratensis)*

Nektar							Pollen						
Mär	Apr	Mai	Jun	Jul	Aug	Sep	Mär	Apr	Mai	Jun	Jul	Aug	Sep
			3 3	3 3						2 2	2 2		

Abessinischer Meerkohl
(Crambe abyssinica)

Kreuzblütengewächse *(Brassicaceae)*
Herkunft: Nordafrika, Äthiopien, Türkei
Höhe: 60–120 cm
Wuchs: Einjährige Ölfruchtpflanze mit aufrechtem, oben verzweigtem Stängel und unten gelappten, oben lanzettlichen Blättern.
Vorkommen, Verwendung: Für neutrale, nährstoffreiche, frische, lehmige Sandböden. Aussaat im Frühjahr. Wegen hohen Erucasäure-Gehalts des Öls nur für industrielle Zwecke, auch als Treibstoff, verwendbar.
Blüten: klein, in Trauben am Ende des Stängels und der Zweige, weiß.
Pollenhöschenfarbe: gelblich

Verwandt: Nördlicher Meerkohl *(Crambe maritima)*; Tataren-Meerkohl *(Crambe tataria)*

Nektar

Mär	Apr	Mai	Jun	Jul	Aug	Sep
		2	2 2	2		

Pollen

Mär	Apr	Mai	Jun	Jul	Aug	Sep
		2	2 2	2		

Winter-Raps
(Brassica napus subsp. napus)

Ölraps
Kreuzblütengewächse *(Brassicaceae)*
Herkunft: Mittelmeergebiet
Höhe: 100–200 cm
Wuchs: Zweijährig, als Blattrosette überwinternd, Stängel aufrecht, oben verzweigt, Blätter unten fiederteilig, oben herzförmig.
Vorkommen, Verwendung: Bedeutendste Ölfrucht-, auch Futterpflanze; nährstoff- und kalkreiche, lehmige, frische Böden; luftfeuchtes, wintermildes Klima. Aussaat Mitte August.
Blüten: in Trauben an den Enden des Stängels und der Zweige, gelb.
Pollenhöschenfarbe: gelb

Zur selben Unterart: Sommer-Raps
Zur selben Art: Kohl-Rübe *(- subsp. rapifera)*
Weitere Arten: Rübsen, Stoppelrübe, Chinakohl *(B. rapa)*; Gemüse-Kohl *(B. oleracea)*

Nektar

Mär	Apr	Mai	Jun	Jul	Aug	Sep
		4 4				

Pollen

Mär	Apr	Mai	Jun	Jul	Aug	Sep
		4 4				

Öl-Rettich
(Raphanus sativus var. oleiformis) ⊙

Kreuzblütengewächse *(Brassicaceae)*
Herkunft: China
Höhe: 60–120 cm
Wuchs: Einjährige Zwischenfruchtfutter- und Ölfruchtpflanze mit aufrechtem, verzweigtem Stängel und fiederschnittigen Blättern.
Vorkommen, Verwendung: Anbau auf nährstoffreichen, humosen, frischen, sandigen Lehmböden. Aussaat als Ölfrucht rein, als Futterpflanze auch im Gemisch z. B. mit Phacelia
Blüten: ✗ in lockeren Trauben am Ende des Stängels und der Zweige, violett oder weiß mit dunkleren Adern.
Pollenhöschenfarbe: gelb

Zur selben Art: u. a. Rettich, Radi *(R. s. var. niger)*, Radieschen *(R. s. var. sativus)* in verschiedenen Sorten.

Nektar							Pollen						
Mär	Apr	Mai	Jun	Jul	Aug	Sep	Mär	Apr	Mai	Jun	Jul	Aug	Sep
		3	3 3	3					2	2 2	2		

Weißer Senf
(Sinapis alba) ⊙

Kreuzblütengewächse *(Brassicaceae)*
Herkunft: Mittelmeergebiet, Nordafrika, Zentralasien
Höhe: 30–100 cm
Wuchs: Einjährig, mit aufrechtem, verzweigtem Stängel und buchtig-gezähnten Blättern.
Vorkommen, Verwendung: Gewürz-, Futter- und Ölfruchtpflanze für nährstoff- und kalkreiche, humose, sandige Lehmböden. Aussaat im zeitigen Frühjahr zur Körnergewinnung oder im Sommer als Zwischenfrucht, auch im Gemisch z. B. mit Phacelia und Buchweizen.
Blüten: ✗ in lockeren Trauben am Ende des Stängels und der Zweige, hellgelb.

Pollenhöschenfarbe: dunkelgelb
Verwandt: Acker-Senf *(Sinapis arvense)*

Nektar							Pollen						
Mär	Apr	Mai	Jun	Jul	Aug	Sep	Mär	Apr	Mai	Jun	Jul	Aug	Sep
			3 3		2	2 2				3 3		3	3 3

Gewöhnlicher Faulbaum ♄♄
(Frangula alnus syn. Rhamnus frangula)

Pulverholz
Kreuzdorngewächse *(Rhamnaceae)*
Herkunft: Europa, West- und Nordasien
Höhe: 4–6 m
Wuchs: Aufrecht wachsender Strauch oder Baum mit breit-eiförmigen Blättern. Bildet Stockausschlag oder Wurzelbrut.
Vorkommen, Verwendung: Unterholz in lichten Wäldern, Gebüschen und Mooren. Für Waldränder, Wasserläufe und Schutzpflanzungen auf frischen Böden.
Blüten: ✤ in Trugdolden zu 2–10 in den Blattachseln, klein, grünlich-weiß.
Pollenhöschenfarbe: weißgelb

Weitere Kreuzdorngewächse: Echter Kreuzdorn *(Rhamnus cathartica)*

Nektar						
Mär	Apr	Mai	Jun	Jul	Aug	Sep
		3	3 3	3		

Pollen						
Mär	Apr	Mai	Jun	Jul	Aug	Sep
		2	2 2	2		

Blaue Säckelblume ♄
(Ceanothus x delilianus)

Französische Hybrid-Säckelblume
Kreuzdorngewächse *(Rhamnaceae)*
Herkunft: Nord- und Mittelamerika
Hybride aus *C. americanus* und *C. coeruleus*.
Höhe: 1,5–3,5 m
Wuchs: Gedrungener, wüchsiger Zierstrauch, breit-ovale, an der Spitze stumpfe Blätter.
Vorkommen, Verwendung: Für Gärten, auch in Heide- oder Steingartenbeeten, auf durchlässigem Boden an sonnigen, geschützten Plätzen.
Blüten: ✤ an den Zweigenden in Büscheln, hellblau.
Pollenhöschenfarbe: gelb
Weitere Sorten und Arten in Sorten

Nektar						
Mär	Apr	Mai	Jun	Jul	Aug	Sep
				2 2	2 2	2 2

Pollen						
Mär	Apr	Mai	Jun	Jul	Aug	Sep
				2 2	2 2	2 2

Garten-Gurke
(Cucumis sativus) ⊙

Kürbisgewächse *(Cucurbitaceae)*
Herkunft: Indien
Höhe: 40–60 cm
Wuchs: Einjährig, mit kriechendem Stängel, mit Hilfe von Ranken bis 200 cm kletternd, und großen 3–5-lappigen Blättern.
Vorkommen, Verwendung: Gemüsepflanze, verlangt nährstoffreichen, humosen Boden, viel Feuchtigkeit und sommerwarme, sonnige Lage.
Blüte: ✽ Einhäusig, männliche Blüten büschelig gehäuft, weibliche kleiner, einzeln, in den Achseln der Blätter, gelb.
Pollenhöschenfarbe: gelb

In Sorten; weitere Art: Melone *(C. melo)*
Verwandt: Garten-Kürbis und Zucchini *(Cucurbita pepo)*

Nektar							Pollen						
Mär	Apr	Mai	Jun	Jul	Aug	Sep	Mär	Apr	Mai	Jun	Jul	Aug	Sep
			3 3	3 3	3 3					2 2	2 2	2 2	

Gold-Lauch
(Allium moly) 4

Lauchgewächse *(Alliaceae)*
Herkunft: Südeuropa
Höhe: 15–45 cm
Wuchs: Ausdauernde, Horst bildende Zwiebel-pflanze mit aufrechtem Stängel und grund-ständigen, lanzettlichen Blättern.
Vorkommen, Verwendung: Für Steingärten und Gehölzränder auf durchlässigem, frischem Boden mit geringem Nährstoffgehalt an sonni-gem bis halbschattigem Standort. Pflanzen der Zwiebeln im Herbst. Selbstaussaat ist möglich.
Blüte: ✽ in einer Scheindolde am Ende des Stängels, sternförmig, hellgelb.
Pollenhöschenfarbe: gelb

Unter vielen weiteren Arten: Bär-L. *(A. ursinum)*; Blauzungen-L. *(A. karataviense)*

Nektar							Pollen						
Mär	Apr	Mai	Jun	Jul	Aug	Sep	Mär	Apr	Mai	Jun	Jul	Aug	Sep
		2	2 2	2					1	1 1	1		

Zier-Lauch
(Allium-Hybride 'Purple Sensation') ♃

Iranischer Blumenlauch
Lauchgewächse *(Alliaceae)*
Herkunft: Westasien
Höhe: 70–100 cm
Wuchs: Ausdauernde Zwiebelpflanze mit aufrechtem Stängel und grundständigen, lanzettlichen Blättern.
Vorkommen, Verwendung: Bunte Beete und Rabatten; frische Böden; sonnige Standorte. Vermehrung durch Brutzwiebeln oder Samen.
Blüte: ❀ in einer kugelförmigen, großen Scheindolde am Ende des Stängels, sternförmig, rotviolett.
Pollenhöschenfarbe: dunkelblau

Unter weiteren Arten: Riesen-L. *(A. giganteum)*; Blauzungen-L. *(A. karataviense)*

Nektar

Mär	Apr	Mai	Jun	Jul	Aug	Sep
		3	3 3	3 3	3	

Pollen

Mär	Apr	Mai	Jun	Jul	Aug	Sep
		2	2 2	2 2	2	

Küchen-Zwiebel
(Allium cepa) ♃

Bolle
Lauchgewächse *(Alliaceae)*
Herkunft: Mittelmeergebiet
Höhe: 50–150 cm
Wuchs: Ausdauernd. Aufrechter Stängel, grundständige, lanzettliche Blätter.
Vorkommen, Verwendung: Würz- und Gemüsepflanze, liebt nährstoffreichen, lockeren sandigen, sommertrockenen Lehmboden.
Blüte: ❀ in einer kugelförmigen Scheindolde am Ende des Stängels, sternförmig, grünlich weiß.
Pollenhöschenfarbe: gelblich
Weitere Arten: Schnittlauch *(A. schoenoprasum)*; Porree *(A. porrum)*

Nektar

Mär	Apr	Mai	Jun	Jul	Aug	Sep
			3	3 3	3	

Pollen

Mär	Apr	Mai	Jun	Jul	Aug	Sep
			2	2 2	2	

Fackellilie
(Kniphofia-Sorten)   4

Raketenblume, Tritome
Affodillgewächse *(Asphodelaceae)*
Herkunft: Süd- und Ostafrika
Höhe: 60–120 cm
Wuchs: Ausdauernd, Horst bildend , mit aufrechtem, kahlem Stängel und grundständigen Riemenblättern.
Vorkommen, Verwendung: Zierpflanze für gemischte Beete und als Hintergrund, für frische lehmige Sandböden mit mittlerem Nährstoffgehalt an sonnigem Standort. Frostschutz durch Zusammenbinden und Abdecken der Blatthorste. Vermehrung durch Teilung.
Blüten: ☀ röhrig, zahlreich in einer großen

Ähre am Ende des Stängels, rot, gelb, cremefarben und grün, auch zweifarbig.
Pollenhöschenfarbe: gelb
Zahlreiche Sorten und Arten

Nektar								Pollen							
Mär	Apr	Mai	Jun	Jul	Aug	Sep		Mär	Apr	Mai	Jun	Jul	Aug	Sep	
			3	3 3	3 3	3					3	3 3	3 3	3	

Lilie *(Lilium)*
Asiatische Hybride „Golden Pixie"   4

Liliengewächse *(Liliaceae)*
Herkunft: Asien
Höhe: 30–150 cm
Wuchs: Ausdauerndes Zwiebelgewächs mit aufrechtem Stängel und wechselständigen, lanzettlichen Blättern.
Vorkommen, Verwendung: Für gemischte Beete und Rabatten auf durchlässigen, nährstoffreichen, frischen lehmigen Sandböden an sonnigem Standort. Pflanzung der Zwiebeln im Spätsommer
Blüten: ☀ in einer Traube, aufwärts gerichtet am Ende des Stängels goldgelb, innen braun gesprenkelt.

Pollenhöschenfarbe: gelb
Viele Sorten und Arten

Nektar – Blütezeit und Wertzahl								Pollen							
Mär	Apr	Mai	Jun	Jul	Aug	Sep		Mär	Apr	Mai	Jun	Jul	Aug	Sep	
			3	3 3	3 3	3					3	3 3	3 3	3	

Holländische Linde
(Tilia x vulgaris)

Zwischenlinde
Lindengewächse *(Tiliaceae)*
Herkunft: Europa; natürlich entstandener
Bastard zwischen Sommer-L. *(T. platyphyllos)*
und Winter-L. *(T. cordata)*
Höhe: 25–40 m
Wuchs: Baum mit hoch gewölbter Krone und
schief herzförmigen Blättern, blattunterseits
hellgelbliche Achselbärte.
Vorkommen, Verwendung: Laubmischwälder.
Für Straßen und Alleen, gedeiht auch auf tro-
ckeneren, sandigen Böden.
Blüten: ✿ in blattachselständigen, hängenden
Trugdolden zu 3–7, gelblich.

Pollenhöschenfarbe: gelb
In mehreren Sorten; unter weiteren Arten:
Krimlinde *(Tilia x euchlora)*

Nektar							
Mär	Apr	Mai	Jun	Jul	Aug	Sep	
			4 4	4			H

Pollen						
Mär	Apr	Mai	Jun	Jul	Aug	Sep
			1 1	1		

Silber-Linde
(Tilia tomentosa)

Lindengewächse *(Tiliaceae)*
Herkunft: Südosteuropa, Kleinasien
Höhe: 20–30 m
Wuchs: Baum mit breit pyramidaler Krone und
rundlichen bis herzförmigen, unterseits silb-
rig-filzigen Blättern.
Vorkommen, Verwendung: Für Parks und
Stadtstraßen, verträgt Trockenheit, Hitze,
Staub und Abgase. Kalkliebend.
Blüten: ✿ in blattachselständigen, hängenden
Trugdolden zu 5–10, gelblich.
Pollenhöschenfarbe: hellgelb
In einigen Sorten; unter weiteren Arten:
Amerikanische L. *(Tilia americana)*

Nektar							
Mär	Apr	Mai	Jun	Jul	Aug	Sep	
				3	3		H

Pollen						
Mär	Apr	Mai	Jun	Jul	Aug	Sep
				1	1	

Sommer-Linde
(Tilia platyphyllos)
♄

Lindengewächse *(Tiliaceae)*
Herkunft: Europa, Südwestasien
Höhe: 15–40 m
Wuchs: Kurzstämmiger Baum mit rundlicher Krone und schief herzförmigen Blättern, blattunterseits weiße Achselbärte.
Vorkommen, Verwendung: Luftfeuchte Misch-, Schlucht und Bergwälder; für Parks, Plätze und als prägender Dorfbaum; liebt tiefgründige, nährstoffreiche, frische, lehmige Böden.
Blüten: ✿ in blattachselständigen Trugdolden zu 2–5, hellgelb.
Pollenhöschenfarbe: hellgelb
Unter weiteren Arten: Winter- L. *(T. cordata)*

Nektar								Pollen							
Mär	Apr	Mai	Jun	Jul	Aug	Sep		Mär	Apr	Mai	Jun	Jul	Aug	Sep
			4 4	4			**H**				1 1	1		

Gewöhnlicher Dost
(Origanum vulgare)
♃

Echter Dost, Wilder Dost, Dosten, Oregano, Wilder Majoran, Wohlgemut
Lippenblütengewächse *(Lamiaceae)*
Herkunft: Europa
Höhe: 20–90 cm
Wuchs: Ausdauernd, Horst bildend, mit aufrechtem, oben verzweigtem Stängel und schmal-eiförmigen Blättern.
Vorkommen, Verwendung: Bergwälder, lichte Trockenwälder, Halbtrockenrasen. Als Heil- und Würzpflanze für den Kräutergarten, auch für bunte Beete; durchlässige, alkalische, mäßig nährstoffhaltige Böden; sonniger Standort.
Blüten: ✿ am Ende der Stängel und Zweige einzeln bis zu 3 in den Achseln von Hochblättern, einen rispig-trugdoldigen Gesamtblütenstand bildend, 2-lippig, blassrosa.
Pollenhöschenfarbe: hellgelb
Weitere Art: Echter Majoran *(O. majorana)*

Nektar								Pollen							
Mär	Apr	Mai	Jun	Jul	Aug	Sep		Mär	Apr	Mai	Jun	Jul	Aug	Sep
				3 3	3 3	3 3						2 2	2 2	2 2

Nesselblättrige Duftnessel 4
(Agastache rugosa)

Lippenblütengewächse *(Lamiaceae)*
Herkunft: China, Japan
Höhe: 50–120 cm
Wuchs: Ausdauernd, mit aufrechtem, verzweigtem Stängel und lanzettlichen Blättern.
Vorkommen, Verwendung: Als Zier- und Gewürzpflanze für gemischte Rabatten oder Hecken; frische, lehmige Sandböden von mittlerem Nährstoffgehalt an sonnigem Standort. Vermehrung: Aussaat und Stecklinge.
Blüten: ✿ in einer aufrechten Ähre am Ende des Stängels und der Zweige, röhrenförmig, cremefarben, rosa oder blau.
Pollenhöschenfarbe: gelb

Unter weiteren Arten: Anis-Ysop *(A. foeniculum)*

Nektar							Pollen						
Mär	Apr	Mai	Jun	Jul	Aug	Sep	Mär	Apr	Mai	Jun	Jul	Aug	Sep
				3 3	3 3						2 2	2 2	

Gelenkblume 4
(Physostegia virginiana)

Etagenerika
Lippenblütengewächse *(Lamiaceae)*
Herkunft: Nordamerika
Höhe: 60–150 cm
Wuchs: Ausdauernd, Ausläufer treibend, mit Büschen aufrechter, unverzweigter Stängel und ovalen Grund- und lanzettlichen, gezähnten Stängelblättern.
Vorkommen, Verwendung: Zierpflanze für gemischte Rabatten und vor Gehölzen auf nährstoffreichem, frischem, sandigem Lehmboden in sonniger bis halbschattiger Lage. Vermehrung durch Aussaat oder Teilung.
Blüten: ✿ in endständigen, ährigen Schein-

quirlen, glockig-röhrenförmig, 2-lappig, erikafarben, rosa oder weiß.
Pollenhöschenfarbe: graugelb
Viele Sorten; weitere Arten: Indianernessel *(Monarda-*Sorten); Ysop *(Hyssopus officinalis)*

Nektar							Pollen						
Mär	Apr	Mai	Jun	Jul	Aug	Sep	Mär	Apr	Mai	Jun	Jul	Aug	Sep
				2 2	2 2	2 2					1 1	1 1	1 1

Echter Lavendel ♃
(Lavandula angustifolia)

Lippenblütengewächse *(Lamiaceae)*
Herkunft: Mittelmeergebiet
Höhe: 20–60 cm
Wuchs: Ausdauernder Halbstrauch mit aufrechten, verzweigten Ästen und schmal lanzettlichen Blättern.
Vorkommen, Verwendung: Angebaute Heil- und Gewürzpflanze. Als Zierpflanze für bunte Staudenrabatten sowie Heide- und Steingärten auf kalkhaltigen, trockenen lehmigen Böden von mittlerem Nährstoffgehalt an sonnigem Standort. Vermehrung durch Aussaat oder Stecklinge.
Blüten: am Ende des Stängels und der Zweige in ährig angehäuften Scheinquirlen, röhrenförmig, 2-lappig, violett.
Pollenhöschenfarbe: graugelb
Mehrere Sorten; unter weiteren Arten: Schopf-L. *(L. stoechas)*; Speik-L. *(L. latifolia)*

Nektar

Mär	Apr	Mai	Jun	Jul	Aug	Sep
				3 3	3 3	3

Pollen

Mär	Apr	Mai	Jun	Jul	Aug	Sep
				1 1	1 1	1

Lavendelblättriger Salbei ♃
(Salvia lavandulifolia)

Spanischer Salbei
Lippenblütengewächse *(Lamiaceae)*
Herkunft: Südwesteuropa
Höhe: 30–50 cm
Wuchs: Ausdauernd, mit aufrecht-buschigem Wuchs und schmal-eiförmigen Blättern.
Vorkommen, Verwendung: Zier- und Heilpflanze für Kräuterbeete, gemischte Rabatten und Heidegärten; nährstoffarme, kalkhaltige, sandig-lehmige Böden, sonniger Standort. Vermehrung durch Aussaat oder Stecklinge.
Blüten: in übereinander stehenden Scheinquirlen am Ende des Stängels und der Zweige, trichterförmig, 2-lippig, hell blauviolett.
Pollenhöschenfarbe: gelblich
Viele Arten und Sorten von *Salvia*

Nektar

Mär	Apr	Mai	Jun	Jul	Aug	Sep
			3	3 3	3 3	3 3

Pollen

Mär	Apr	Mai	Jun	Jul	Aug	Sep
			1	1 1	1 1	1 1

Purpurrote Taubnessel
(Lamium purpureum) ⊙

Rote Taubnessel
Lippenblütengewächse *(Lamiaceae)*
Herkunft: Europa
Höhe: 15–50 cm
Wuchs: Einjährige Wildpflanze mit aufrecht-buschigem Wuchs und herz- bis eiförmigen, zugespitzten, gezähnten Blättern.
Vorkommen, Verwendung: Äcker, Ödland, Gärten, Weinberge, Gebüsche. Liebt stickstoff-haltigen, lockeren, sandigen Lehmboden.
Blüten: ✿ in übereinander stehenden Schein-quirlen in den Achseln der oberen Blätter, röh-rig, 2-lippig, rosa bis purpurrot.
Pollenhöschenfarbe: rot

Unter zahlreichen weiteren Arten: Goldnessel *(Lamium galeobdolon)* in Sorten

Nektar						
Mär	Apr	Mai	Jun	Jul	Aug	Sep
	2 2	2 2	2 2	2 2	2 2	

Pollen						
Mär	Apr	Mai	Jun	Jul	Aug	Sep
	1 1	1 1	1 1	1 1	1 1	

Steppen-Thymian
(Thymus pannonicus) ♃

Lippenblütengewächse *(Lamiaceae)*
Herkunft: Ost- und Südosteuropa
Höhe: 15–40 cm
Wuchs: Staude oder Halbstrauch, breit wach-send mit aufrechtem oder aufgebogenem Stän-gel und schmal-lanzettlichen Blättern.
Vorkommen, Verwendung: Für bunte Beet- und Staudenpflanzungen, Steingärten; sandig-lehmige, auch steinige Böden; warme, sonnige Lagen. Vermehrung: Teilung oder Stecklinge.
Blüten: ✿ am Ende der Stängel und Zweige in einem aus Scheinquirlen zusammengesetzten zylindrisch-kugeligen Blütenstand, 2-lippig, blassrosa bis hellpurpurrot.

Pollenhöschenfarbe: grauweiß
Unter vielen weiteren Arten: Echter T. *T. vulgaris)*; Sand-T. *(T. serpyllum)* in Sorten

Nektar						
Mär	Apr	Mai	Jun	Jul	Aug	Sep
			3 3	3 3	3 3	3 3

Pollen						
Mär	Apr	Mai	Jun	Jul	Aug	Sep
			2 2	2 2	2 2	2 2

Zitronen-Thymian
(Thymus x citriodorus)

4b

Lippenblütengewächse *(Lamiaceae)*
Herkunft: Europa, entstanden aus Feld-T.
(T. pulegioides) und Garten-T. *(T. vulgaris)*
Höhe: 20–30 cm
Wuchs: Staude oder Halbstrauch, stark ver-
zweigt, kugelig, sehr kleinen ovalen Blättern.
Vorkommen, Verwendung: Kräutergarten,
bunte Beet- und Staudenpflanzungen, durch-
lässiger alkalischer Boden in warmer, sonniger
Lage. Vermehrung: Teilung oder Stecklinge.
Blüten: ✿ am Ende der Stängel und Zweige in
einem aus Scheinquirlen zusammengesetzten
zylindrisch-kugeligen Blütenstand, 2-lippig,
hell violett.

Pollenhöschenfarbe: blassgelb
Mehrere Sorten; unter weiteren Arten:
Wolliger T. *(T. pseudolanuginosus)*

Nektar						
Mär	Apr	Mai	Jun	Jul	Aug	Sep
			3 3	3 3	3 3	3 3

Pollen						
Mär	Apr	Mai	Jun	Jul	Aug	Sep
			2 2	2 2	2 2	2 2

Heil-Ziest
(Stachys officinalis)

4

Echter Ziest, Rote Betonie, Heil-Batunge
Lippenblütengewächse *(Lamiaceae)*
Herkunft: Europa
Höhe: 30–100 cm
Wuchs: Ausdauernd; aufrechter, unverzweigter
Stängel und schmal-eiförmige Blätter.
Vorkommen, Verwendung: Wiesen, lichte
Laub- und Mischwälder. Zier- und Heilpflanze
für Rabatten. Wechselfeuchte, sandig-lehmige
Böden in sonniger bis halbschattiger Lage.
Blüten: ✿ in Quirlen zu einer endständigen,
kopfigen Scheinähre zusammengesetzt, röhrig,
2-lappig, rotviolett, in Sorten auch rosa oder weiß.
Pollenhöschenfarbe: gelblich

Unter weiteren Arten: Einjähriger Z.
(S. annua), Aufrechter Z. *(S. recta)*; Woll-Z.
(S. byzantina)

Nektar						
Mär	Apr	Mai	Jun	Jul	Aug	Sep
				3 3	3 3	3 3

Pollen						
Mär	Apr	Mai	Jun	Jul	Aug	Sep
				1 1	1 1	1 1

Moschus-Malve
(Malva moschata)

4

Bisam-Malve
Malvengewächse *(Malvaceae)*
Herkunft: Süd- und Westeuropa
Höhe: 40–100 cm
Wuchs: Ausdauernd, mit aufrechtem Stängel und handförmig doppelt fiederteiligen Blättern.
Vorkommen, Verwendung: Entlang der Verkehrswege verwildert; Zier- und Heilpflanze für gemischte Beete in Gruppen auf durchlässigem, sandig-lehmigem Boden, Sonne.
Blüten: ✽ einzeln bis zu 3 in den Blattachseln, traubig gehäuft an den Enden der Stängel, rosa bis hell purpurviolett oder fast weiß.
Pollenhöschenfarbe: weiß

In Sorten; unter weiteren Arten: Wilde M. *(M. sylvestris)* in Sorten. **Verwandt:** Arten der Busch-Malve (Lavatera)

Nektar						
Mär	Apr	Mai	Jun	Jul	Aug	Sep
			3	3 3	3 3	3

Pollen						
Mär	Apr	Mai	Jun	Jul	Aug	Sep
			1	1 1	1 1	1

Echter Roseneibisch
(Hibiscus syriacus)

♄

Strauch-Eibisch, Garten-Eibisch
Malvengewächse *(Malvaceae)*
Herkunft: Indien, China
Höhe: 1,5–3,5 m
Wuchs: Strauch, aufrecht wachsend mit 3-lappigen, gezähnten Blättern.
Vorkommen, Verwendung: Für Einzel- oder Gruppenaufstellung, auch Hecken in Gärten mit frischem, sandigem Lehmboden und mäßigem Nährstoffgehalt an einem warmen, geschützten Platz. In der Jugend frostgefährdet.
Blüten: ✽ einzeln oder zu mehreren in den Blattachseln, in Sorten blauviolett, rosa bis weiß mit rotem Fleck oder weiß.

Pollenhöschenfarbe: weißgelb
Viele Sorten; unter weiteren Arten: Chinesischer R. *(H. rosa-chinensis)* in vielen Sorten

Nektar						
Mär	Apr	Mai	Jun	Jul	Aug	Sep
				3 3	3 3	3 3

Pollen						
Mär	Apr	Mai	Jun	Jul	Aug	Sep
				1 1	1 1	1 1

Orient-Stockrose
(Alcea rosea)
☉ 4

Chinesische Stockrose, Gewöhnliche Stockrose, Stockmalve, Eibisch, Pappelrose
Malvengewächse *(Malvaceae)*
Herkunft: Östlicher Mittelmeerraum, Asien
Höhe: 100–250 cm
Wuchs: Zweijährig bis ausdauernd, aufrecht wachsend mit 5–7-lappigen Blättern.
Vorkommen, Verwendung: Für Gruppenaufstellung, als Hintergrund oder vor Wänden; kalkhaltige, nährstoffreiche, frische, sandig-lehmige Böden an sonnigem, geschützten Platz.
Blüten: ✽ meist zu mehreren in den Achseln der oberen Blätter, in Sorten rosa, violett, cremefarben, gelb, schwarzrot oder weiß.

Pollenhöschenfarbe: hellviolett
Viele Sorten; weitere Arten: Runzlige S. *(A. rugosa)*; Schwefelgelbe S. *(A. sulphurea)*

Nektar						
Mär	Apr	Mai	Jun	Jul	Aug	Sep
				3 3	3 3	3

Pollen						
Mär	Apr	Mai	Jun	Jul	Aug	Sep
				1 1	1 1	1

Orientalischer Mohn
(Papaver orientale)
4

Türkischer Mohn, Staudenmohn
Mohngewächse *(Papaveraceae)*
Herkunft: Vorderasien
Höhe: 60–100 cm
Wuchs: Ausdauernd, aufrecht buschig, mit langen, gefiederten Blättern.
Vorkommen, Verwendung: Als Hintergrund für gemischte Beet- und Staudenpflanzungen; durchlässige, frische Böden; sonnige Standorte. Vermehrung durch Aussaat oder Teilung.
Blüten: ✽ einzeln am Ende der Stängel, rosa oder rot mit violettem Zentrum und einem dunklen Fleck am Grunde jeden Blütenblatts.
Pollenhöschenfarbe: schwarzgrau

Viele Sorten; unter weiteren Arten: Island-M. *(P. nudicaule)* in vielen Sorten; Schlaf-M. *(P. somniferum)* in Sorten

Nektar						
Mär	Apr	Mai	Jun	Jul	Aug	Sep
		0	0 0	0 0		

Pollen						
Mär	Apr	Mai	Jun	Jul	Aug	Sep
		3	3 3	3 3		

Großes Schöllkraut
(Chelidonium majus)
4

Schellkraut
Mohngewächse *(Papaveraceae)*
Herkunft: Europa, Westasien
Höhe: 20–80 cm
Wuchs: Ausdauernde Wildpflanze mit aufrechtem, verzweigtem Stängel und gelappten Blättern.

Vorkommen, Verwendung: Feuchte, lichte Wälder, Gebüsche und Gärten auf frischen, stickstoffreichen Böden. Auch als Bodendecker in Sonne und Schatten. Samt sich selbst aus.
Blüten: ✿ blattachselständig zu 2–10 in einer lockeren Dolde, leuchtend gelb.
Pollenhöschenfarbe: gelb

Unter weiteren Mohngewächsen: Roter und Gelber Hornmohn (*Glaucium corniculatum* und *G. flavum*)

Nektar						
Mär	Apr	Mai	Jun	Jul	Aug	Sep
		0 0	0 0	0 0	0 0	0

Pollen						
Mär	Apr	Mai	Jun	Jul	Aug	Sep
		2 2	2 2	2 2	2 2	2

Fuchsie *(Fuchsia-Sorten)*
ℏ

Nachtkerzengewächse *(Onagraceae)*
Herkunft: Süd- und Mittelamerika
Höhe: 30–120 cm
Wuchs: Strauch, aufrecht oder hängend mit ovalen bis lanzettlichen Blättern.
Vorkommen, Verwendung: Als Kasten-, Ampel- oder Beetpflanze auf nährstoff- und humusreichem, feuchtem Boden an geschütztem, halbschattigem Standort. Überwinterung hell bei mindestens 3 °C und mäßiger Feuchtigkeit. Nur die Freilandfuchsie (*F. magellanica*) ist mäßig winterhart.
Vermehrung durch Stecklinge.
Blüten: ✤ meist hängend, mit verlängerter Kelchröhre, zurückgebogenen, farbigen

Kelchblättern und breiten, oft andersfarbigen Blütenblättern, violett, rot, rosa oder weiß.
Pollenhöschenfarbe: gelblich
Viele Sorten und Arten

Nektar						
Mär	Apr	Mai	Jun	Jul	Aug	Sep
			2 2	2 2	2 2	

Pollen						
Mär	Apr	Mai	Jun	Jul	Aug	Sep
			1 1	1 1	1 1	

Gewöhnliche Nachtkerze
(Oenothera biennis) ☺

Rapontikawurzel
Nachtkerzengewächse *(Onagraceae)*
Herkunft: Nord- und Südamerika, in Europa
eingebürgert
Höhe: 60–100 cm
Wuchs: Zweijährig, aufrecht mit lanzett-
lichen Blättern.
Vorkommen, Verwendung: Böschungen, Bahn-
schotter, Kiesflächen. Zierpflanze für Steingär-
ten, Beete und Rabatten; durchlässige, mäßig
trockene Böden mit mittlerem Nährstoffgehalt;
sonnige Standorte. Vermehrung: Aussaat.
Blüten: ✤ einzeln in den Achseln der oberen
Blätter, leuchtend gelb.

Pollenhöschenfarbe: gelblich
Mehrere Sorten; unter weiteren Arten:
Stauden-N. *(O. fruticosa)*

Nektar						
Mär	Apr	Mai	Jun	Jul	Aug	Sep
			1	1 1	1 1	

Pollen						
Mär	Apr	Mai	Jun	Jul	Aug	Sep
			2	2 2	2 2	

Schmalblättriges Weidenrös-
chen (Epilobium angustifolium) ♃

Wald-Weidenröschen, Stauden-Feuerkraut
Nachtkerzengewächse *(Onagraceae)*
Herkunft: Gemäßigte und kalte Zonen der
nördlichen Hemisphäre
Höhe: 50–150 cm
Wuchs: Ausdauernd, Ausläufer treibend, auf-
recht mit schmal-lanzettlichen Blättern.
Vorkommen, Verwendung: Lichtungen, Kahl-
schläge, Felsschutt, Waldränder. Zierpflanze für
Rabatten und als Hintergrundpflanze auf durch-
lässigem, stickstoffhaltigem, frischem Boden an
sonnigem bis halbschattigem Standort. Vermeh-
rung durch Selbstaussaat oder Stecklinge.
Blüten: ✤ einzeln in den Achseln der oberen

Blätter und in einer endständigen Traube,
rotviolett.
Pollenhöschenfarbe: bläulich
Unter weiteren Arten: Breitblättriges W.
(E. latifolium); Sumpf-W. *(E. palustre)*

Nektar						
Mär	Apr	Mai	Jun	Jul	Aug	Sep
			3 3	3 3	3 3	

Pollen						
Mär	Apr	Mai	Jun	Jul	Aug	Sep
			2 2	2 2	2 2	

Weiße Engelstrompete ♄
(Brugmansia x candida)

Nachtschattengewächse (Solanaceae)
Herkunft: Nördliches Südamerika, Anden; Kreuzung aus Goldene E. (B. aurea) und B. versicolor.
Höhe: 2–4 m
Wuchs: Ziergehölz mit niedrigem, kurz verzweigtem Stamm und langen, ovalen Blättern an den Zweigenden.
Vorkommen, Verwendung: Für Einzelaufstellung in großen Kübeln; nährstoffreicher, humoser Boden; gute Wasserversorgung; sonnige, geschützte Standorte. Überwinterung hell bei 5–7 °C. Vermehrung: Spitzenstecklinge.
Blüten: ✿ hängend an den Enden der Zweige, trompetenförmig, 30 cm lang, weiß.

Pollenhöschenfarbe: graugelb
Mehrere Sorten und weitere Arten in Sorten

Nektar						
Mär	Apr	Mai	Jun	Jul	Aug	Sep
				2 2	2 2	2 2

Pollen						
Mär	Apr	Mai	Jun	Jul	Aug	Sep
				2 2	2 2	2 2

Kleines Schneeglöckchen ♃
(Galanthus nivalis)

Narzissengewächse (Amaryllidaceae)
Herkunft: Europa, Westasien
Höhe: 5–20 cm
Wuchs: Zwiebelgewächs, zweiblättrig
Vorkommen, Verwendung: feuchte Laubmisch-, Au- und Schluchtwälder. Zur Pflanzung unter lichtem Gehölz, auf Rasenflächen und als Einfassung. Bevorzugt frischen, humosen Boden. Vermehrung durch Auspflanzen der Zwiebeln
Blüte: ✳ einzeln; drei äußere Blütenblätter groß, weiß, drei innere Blütenblätter klein, grünlich.
Pollenhöschenfarbe: orange
In vielen Sorten

Unter weiteren Narzissengewächsen:
Frühlings-Knotenblume (Leucojum vernum)

Nektar						
Mär	Apr	Mai	Jun	Jul	Aug	Sep
2 2	2					

Pollen						
Mär	Apr	Mai	Jun	Jul	Aug	Sep
2 2	2					

Vogel-Sternmiere
(Stellaria media) ⊙

Vogelmiere, Sternkraut, Hühnerdarm
Nelkengewächse *(Caryophyllaceae)*
Herkunft: Nördliches Südamerika, Anden
Höhe: 5–60 cm
Wuchs: Einjährige Wild- und alte Heilpflanze
mit kriechendem, aufsteigendem Stängel und
eiförmig-spitzen Blättern.
Vorkommen, Verwendung: Hack-
fruchtäcker, Schuttplätze, Gärten.
Blüten: ✿ klein, gabelständig zu
3–6 und endständig, einzeln, weiß.
Pollenhöschenfarbe: grüngelb
Unter weiteren Arten: auch als Zierpflanze
Große S. *(S. holostea)*

Nektar							Pollen						
Mär	Apr	Mai	Jun	Jul	Aug	Sep	Mär	Apr	Mai	Jun	Jul	Aug	Sep
2	2 2	2 2	2 2	2 2	2 2	2 2	1	1 1	1 1	1 1	1 1	1 1	1 1

Gewöhnlicher Flieder
(Syringa vulgaris) ♄

Ölbaumgewächse *(Oleaceae)*
Herkunft: Südosteuropa
Höhe: 2–6 m
Wuchs: Strauch, aufrecht, dicht verzweigt mit
ei-herzförmigen Blättern. Treibt Ausläufer.
Vorkommen, Verwendung: Örtlich auf Stein-
schutt und an Felsen verwildert. Für Parks und
Gärten einzeln, in Gruppen oder ungeschnitte-
nen Hecken auf nährstoffreichem, kalkhalti-
gem, frischem Boden.
Blüten: ✿ zahlreich in endständigen, aufrech-
ten Rispen, weiß, lila bis purpurrot.
Pollenhöschenfarbe: wachsgelb
Viele Sorten; weitere Arten und Hybriden

Nektar							Pollen						
Mär	Apr	Mai	Jun	Jul	Aug	Sep	Mär	Apr	Mai	Jun	Jul	Aug	Sep
	2	2 2						3	3 3				

Gewöhnlicher Liguster
(Ligustrum vulgare)   ♄

Rainweide, Zaunriegel
Ölbaumgewächse *(Oleaceae)*
Herkunft: Europa
Höhe: 2–5 m
Wuchs: Strauch, aufrecht mit schmal eiförmigen Blättern
Vorkommen, Verwendung: lichte Wälder und Gebüsche, im Schatten größerer Gehölze als Unterholz. Für dichte, geschnittene Hecken in Gärten und Windschutzhecken in der Landschaft. Anspruchslos an den Boden, verträgt Stadtklima sowie sonnige und schattige Lage.
Blüten: ⚥ in endständigen, gedrungenen Rispen, trichterförmig, weiß.

Pollenhöschenfarbe: hellgelb
Verschiedene Gartensorten; unter weiteren Arten: Ovalblättriger L. *(L. ovalifolium)*

Nektar						
Mär	Apr	Mai	Jun	Jul	Aug	Sep
			2 2	2 2		

Pollen						
Mär	Apr	Mai	Jun	Jul	Aug	Sep
			2 2	2 2		

Schmalblättrige Ölweide
(Elaeagnus angustifolia)   ♄♄

Ölweidengewächse *(Elaeagnaceae)*
Herkunft: Östlicher Mittelmeerraum
Wuchshöhe: 5–8 m
Wuchseigenschaften: Strauch oder kleiner Baum mit lockerem Aufbau und schmal lanzettlichen Blättern.
Vorkommen, Verwendung: Zur Bepflanzung von Dünen und anderen Böden mit hohem Salzgehalt, als Windschutz- und Heckenpflanze für trockenen und feuchten Boden, Sonne und Halbschatten. Abgasverträglich.
Blüten: ⚥ in den Blattachseln der Jungtriebe, 4-zählig, glockenförmig, außen silbrig, innen gelb.

Pollenhöschenfarbe: gelblich
In Sorten; unter weiteren Arten: Silber-Ö. *(E. commutata)*; Doldige Ö. *(E. umbellata)*

Nektar						
Mär	Apr	Mai	Jun	Jul	Aug	Sep
		3	3 3			

Pollen						
Mär	Apr	Mai	Jun	Jul	Aug	Sep
		1	1 1			

Borretsch
(Borago officinalis) ⊙

Gurkenkraut
Raublattgewächse *(Boraginaceae)*
Herkunft: Mittelmeerraum
Höhe: 20–80 cm
Wuchs: Einjährige Gewürz- und Heilpflanze,
buschig; Stängel und die länglich-ovalen
Blätter borstig behaart
Vorkommen, Verwendung: für Kräuterbeete
wie für bunte Rabatten, sehr anpassungsfähig,
liebt durchlässigen, frischen Boden. Aussaat ab
April. Samt sich auch selbst aus.
Blüten: ❀ endständig zu mehreren in locker
verzweigten, scheinrispigen Blütenständen,
sternförmig, himmelblau.

Pollenhöschenfarbe: grau
Unter weiteren Raublattgewächsen: Gewöhnliche Hundszunge *(Cynoglossum officinale)*;
Italienische Ochsenzunge *(Anchusa azurea)*

Nektar						
Mär	Apr	Mai	Jun	Jul	Aug	Sep
			4 4	4 4	4 4	4

Pollen						
Mär	Apr	Mai	Jun	Jul	Aug	Sep
			2 2	2 2	2 2	2

Blauer Natternkopf
(Echium vulgare) ⊙⊙

Gewöhnlicher Natternkopf
Raublattgewächse *(Boraginaceae)*
Herkunft: Europa, Mittelmeerraum
Höhe: 30–120 cm
Wuchs: Zweijährig, Stängel aus einer Rosette,
borstig behaart, Blätter schmal-lanzettlich
Vorkommen, Verwendung: Schutt- und Schotterflächen, Bahndämme, Steinbrüche, Wegränder. Liebt lehmigen, steinigen Boden.
Blüten: ❀ an der oberen Hälfte des Stängels zu
mehreren, trichterförmig, erst rot, dann blau.
Pollenhöschenfarbe: graublau
Gartenpflanze: Wegerichblättriger Natternkopf
(E. plantagineum)

Nektar						
Mär	Apr	Mai	Jun	Jul	Aug	Sep
			3	3 3	3 3	3

Pollen						
Mär	Apr	Mai	Jun	Jul	Aug	Sep
			2	2 2	2 2	2

Strauchige Sonnenwende
(Heliotropium arborescens) ♄

Vanilleblume, Heliotrop
Raublattgewächse *(Boraginaceae)*
Herkunft: Peru
Höhe: 20–120 cm
Wuchs: Halbstrauch mit aufrechten Stängeln und ovalen, runzeligen Blättern.
Vorkommen, Verwendung: Zierpflanze für nährstoffreichen, kalkhaltigen Boden und geschützten Platz. Benötigt 5 °C zur Überwinterung, deshalb meist Anzucht im Frühjahr aus Samen, im Herbst aus Stecklingen.
Blüten: ✿ dicht zusammensitzend violett, blau, gelb und weiß.
Pollenhöschenfarbe: grau

Mehrere Sorten; Wildform im Weinklima:
Europäische Sonnenwende
(Heliotropium europaeum)

Nektar						
Mär	Apr	Mai	Jun	Jul	Aug	Sep
			3 3	3 3	3 3	3 3

Pollen						
Mär	Apr	Mai	Jun	Jul	Aug	Sep
			1 1	1 1	1 1	1 1

Wald-Vergißmeinnicht
(Myosotis sylvatica) ☉ 4

Raublattgewächse *(Boraginaceae)*
Herkunft: Europa
Höhe: 15–50 cm
Wuchs: einjährig bis kurzlebig ausdauernd, Blätter oval bis zungenförmig.
Vorkommen, Verwendung: Laub-, Misch- und Au-Wälder, Wege, Wiesen. Zierpflanze für Beetpflanzungen und Wegränder sowie vor Gehölzen. Liebt nährstoffreichen, lehmigen, feuchten Boden. Vermehrung durch Aussaat oder Teilung.
Blüten: ✿ in Scheinrispen zu 7–25, klein, erst violett, dann blau.
Pollenhöschenfarbe: gelb

In Sorten; unter weiteren Arten: Sumpf-V. *(M. palustris)* in Sorten; Acker-V. *(M. arvensis)*.
Ähnlich: Frühlings-Nabelnüsschen, Gedenkemein *(Omphalodes verna)*

Nektar						
Mär	Apr	Mai	Jun	Jul	Aug	Sep
		2 2	2 2	2 2	2 2	

Pollen						
Mär	Apr	Mai	Jun	Jul	Aug	Sep
		1 1	1 1	1 1	1 1	

Weißer Diptam   ♃
(Dictamnus albus)

Eschenblättriger Diptam, Brennender Busch, Gaspflanze
Rautengewächse *(Rutaceae)*
Herkunft: Mittelmeergebiet bis Nordchina
Höhe: 60–120 cm
Wuchs: Ausdauernd, buschig, Horst bildend, gefiederte Blätter und gezähnte Blättchen.
Vorkommen, Verwendung: Wild im Weinklima an trockenen Hängen. Für Einzelaufstellung in gemischten Beeten auf durchlässigem, kalkhaltigem, mäßig nährstoffhaltigem Boden an sonnigem Platz. Vermehrung durch Selbstaussat.
Blüten: ⚘zahlreich in einer Traube, zweiseitig symmetrisch: 4 von den 5 Blütenblättern nach

oben, 1 nach unten gerichtet, weiß oder rosa mit dunkler Äderung.
Pollenhöschenfarbe: gelbbraun
Weiteres Rautengewächs: Hopfenstrauch *(Ptelea trifoliata)*

Nektar						
Mär	Apr	Mai	Jun	Jul	Aug	Sep
		3	3 3	3 3		

Pollen						
Mär	Apr	Mai	Jun	Jul	Aug	Sep
		2	2 2	2 2		

Koreanische Euodia   ♄
(Tetradium daniellii syn. Euodia daniellii)

Samthaarige Stinkesche, Bienenbaum
Rautengewächse *(Rutaceae)*
Herkunft: Korea, Nordchina
Höhe: 8–15 m
Wuchs: Aufrecht wachsender Baum mit schirmartiger Krone, gefiederten Blättern mit spitz-ovalen Blättchen.
Vorkommen, Verwendung: Für Parks, Gärten und Arboreten; nährstoffreiche, durchlässige, frische Böden in sonniger, geschützter Lage. In der Jugend frostempfindlich. Blühreife ab etwa 10 Jahren. Vermehrung Anzucht aus Samen.
Blüten: ⚘ zahlreich in großen, endständigen Doldenrispen, grünlich weiß.

Pollenhöschenfarbe: hellbraun
Ähnlich: Hupeh-Euodia *(T. d.* Hupehense Gruppe)*;* **Weiteres Rautengewächs:** Amur-Korkbaum *(Phellodendron amurense)*

Nektar						
Mär	Apr	Mai	Jun	Jul	Aug	Sep
				4	4 4	4

Pollen						
Mär	Apr	Mai	Jun	Jul	Aug	Sep
				3	3 3	3

Wohlriechende Resede
(Reseda odorata)   ⊙

Gartenresede
Resedengewächse *(Resedaceae)*
Herkunft: Nordafrika, südöstlicher Mittelmeerraum
Höhe: 25–60 cm
Wuchs: Einjährig, mit aufsteigenden Trieben
und kleinen, länglich-ovalen Blättern.
Vorkommen, Verwendung: Zier- und Duft-
pflanze sowie Nutzpflanze zur Parfümherstel-
lung. Als Zwischenpflanzung für Beete und
Rabatten, auf durchlässigem, nährstoffreichem, kalkhaltigem, frischem Boden in Sonne
bis Halbschatten. Vermehrung durch Aussaat
an Ort und Stelle oder Vorkultur.

Blüten: ✺ zahlreich in einer ährigen Traube,
grün und rosa, in Sorten auch rot und gelb.
Pollenhöschenfarbe: gelbbraun
Mehrere Sorten; verwandt: Gelber Wau *(R. lutea)*; Färber-W. *(R. luteola)*; Weiße R. *(R. alba)*

Nektar						
Mär	Apr	Mai	Jun	Jul	Aug	Sep
			2	2 2	2 2	2 2

Pollen						
Mär	Apr	Mai	Jun	Jul	Aug	Sep
			3	3 3	3 3	3 3

Kultur-Apfel
(Malus domestica)   ♄

Rosengewächse *(Rosaceae)*
Herkunft: Wildformen aus Südosteuropa
und Westasien
Höhe: 2–15 m
Wuchs: Baum, Gestalt beeinflusst von Unter-
lage, Sorte, Schnitt; breit eiförmige Blätter.
Vorkommen, Verwendung: Obstbaum, braucht
tiefgründigen, nährstoffreichen, frischen
Boden und sonnigen Standort.
Blüten: ✽ in Trugdolden, weiß bis rötlich
überlaufen. Selbststeril, deshalb weitere pollen-
spendende Befruchtersorte in der Nähe
erforderlich.
Pollenhöschenfarbe: hell- bis dunkelgelb

Stets veredelt in vielen Sorten.
Unter weiteren Arten in Sorten: Holzapfel
(M. sylvestris), Vielblütiger A. *(M. floribunda)*

Nektar						
Mär	Apr	Mai	Jun	Jul	Aug	Sep
	4	4 4				

Pollen						
Mär	Apr	Mai	Jun	Jul	Aug	Sep
	4	4 4				

Echte Brombeere
(Rubus fruticosus) ♄

Rosengewächse *(Rosaceae)*
Herkunft: Europa
Höhe: 0,5–2 m
Wuchs: Strauch mit überhängenden Trieben, die nach dem 2. Jahr absterben, und 5- bis 7-zählig gefingerten Blättern
Vorkommen, Verwendung: Wälder, Gebüsche. Beerenobst für nährstoffreiche, frische Böden und sonnige Standorte. Vermehrung durch Teilen der Wurzelstöcke.
Blüten: ✽ an meist zweijährigen Trieben in lockeren Rispen, weiß oder zart rosa.
Pollenhöschenfarbe: grau
Viele Wildformen und Sorten, auch stachellos.

Weitere Arten: Kratzbeere *(R. caesius)*, Himbeere *(R. idaeus)* in vielen Sorten

Nektar						
Mär	Apr	Mai	Jun	Jul	Aug	Sep
		3	3 3	3 3	3	

Pollen						
Mär	Apr	Mai	Jun	Jul	Aug	Sep
		3	3 3	3 3	3	

Gewöhnliche Eberesche
(Sorbus aucuparia) ♄♄

Gewöhnliche Vogelbeere, Vogelbeerbaum
Rosengewächse *(Rosaceae)*
Herkunft: Europa bis Westasien und Sibirien
Höhe: 5–15 m
Wuchs: Baum oder Strauch mit schirmartiger Krone; gefiederte Blätter mit gezähnten Blättchen
Vorkommen, Verwendung: Waldränder, Mischwälder in Tiefland und Gebirge. Robust und anspruchslos, auch als Straßenbaum und Pioniergehölz. Bevorzugt kühl-luftfeuchte Lagen. Blühreife mit 12–15 Jahren.
Blüten: ✽ in Trugdolden, klein, gelblich weiß.
Pollenhöschenfarbe: gelblich

Süße Eberesche *(S. a. subsp. moravica)* mit bitterstoffarmen, genießbaren Früchten

Nektar						
Mär	Apr	Mai	Jun	Jul	Aug	Sep
		2 2	2 2			

Pollen						
Mär	Apr	Mai	Jun	Jul	Aug	Sep
		2 2	2 2			

Mittelmeer-Feuerdorn
(Pyracantha coccinea) ♃

Rosengewächse (Rosaceae)
Herkunft: Südeuropa bis Westasien
Höhe: 1–3 m
Wuchs: Strauch, dichtbuschig, sparrig verzweigt, dornig, mit immergrünen lanzettlich- bis eiförmigen Blättern.
Vorkommen, Verwendung: Als Stadtgrün, für Böschungen oder undurchdringliche Hecken; frische bis trockene Böden in Sonne oder Halbschatten. Verträgt Hitze und Trockenheit.
Blüten: ✽ zahlreich in Doldentrauben, weißlich.
Pollenhöschenfarbe: gelblich
Weitere: Schmalblättriger F. (P. angustifolia)

Nektar						
Mär	Apr	Mai	Jun	Jul	Aug	Sep
		2	2 2			

Pollen						
Mär	Apr	Mai	Jun	Jul	Aug	Sep
		2	2 2			

Sibirische Fiederspiere
(Sorbaria sorbifolia) ♃

Rosengewächse (Rosaceae)
Herkunft: Sibirien, Nord-China, Korea
Höhe: 1–1,5 m
Wuchs: Wenig verzweigter Strauch mit unpaarig gefiederten Blättern.
Vorkommen, Verwendung: Stellenweise verwildert. Für Parks und Gärten, an Waldrändern und Feldgebüschen, als Unterwuchs hoher Bäume, Ausläufer treibendes Pioniergehölz für biologische Verbauung. Wächst in Sonne und Schatten, anspruchslos an Boden und Klima.
Blüten: ✽ in kegeligen, aufrechten Rispen, klein, gelblich-weiß.
Pollenhöschenfarbe: hellbraun

Unter weiteren Arten: Chinesische F. (S. kirilowii)

Nektar						
Mär	Apr	Mai	Jun	Jul	Aug	Sep
			2 2	2 2		

Pollen						
Mär	Apr	Mai	Jun	Jul	Aug	Sep
			2 2	2 2		

Strauch-Fingerkraut
(Potentilla fruticosa) ♄

Fingerstrauch, Fünffingerstrauch
Rosengewächse *(Rosaceae)*
Herkunft: Nördliche gemäßigte Zone
Höhe: 0,5–1,5 m
Wuchs: Strauch, dicht verzweigt mit gefiederten Blättern und lang-eiförmigen Blättchen.
Vorkommen, Verwendung: Niedrige Hecken zur Flächen- und Böschungsbegrünung, als Einfassung, auch einzeln. Wächst auf jedem kultivierten, ausreichend feuchtem Boden in Sonne und Halbschatten. Rückschnitt günstig. Vermehrung: Teilung oder Stecklinge.
Blüten: ❀ einzeln oder zu mehreren an den beblätterten Zweigen, in Sorten Dauerblüher

oder zweimal blühend, goldgelb, orangerot oder weiß.
Pollenhöschenfarbe: braun
Viele Sorten

Nektar						
Mär	Apr	Mai	Jun	Jul	Aug	Sep
			2 2	2 2	2 2	2

Pollen						
Mär	Apr	Mai	Jun	Jul	Aug	Sep
			2 2	2 2	2 2	2

Immergrüne Lorbeer-Kirsche ♄
(Prunus laurocerasus)

Kirsch-Lorbeer
Rosengewächse *(Rosaceae)*
Herkunft: Südosteuropa, Kleinasien
Höhe: 1–6 m
Wuchs: Strauch, aufrecht buschig. Blätter elliptisch, immergrün, lorbeerähnlich.
Vorkommen, Verwendung: Für Einzelstellung oder Hecken, auch Kübel, schnittfest, mäßig frosthart, für nährstoffreiche, frische Böden in vor Wintersonne und Wind geschützter Lage.
Blüten: ❀ in langen, aufrechten Trauben, weiß.
Pollenhöschenfarbe: gelblich
Mehrere Sorten

Nektar						
Mär	Apr	Mai	Jun	Jul	Aug	Sep
		2 2	2 2			

Pollen						
Mär	Apr	Mai	Jun	Jul	Aug	Sep
		2 2	2 2			

Sauer-Kirsche
(Prunus cerasus) ♄

Weichsel
Rosengewächse *(Rosaceae)*
Herkunft: Westasien
Höhe: 3–6 m
Wuchs: Form beeinflusst von Sorte, Schnitt und Unterlage. Blätter elliptisch, gesägt.
Vorkommen, Verwendung: Obstbaum, anspruchslos, bevorzugt nährstoffreiche sandige Lehmböden. In Sorten veredelt
Blüten: ✽ vor dem Blattaustrieb, zu 2–4 in Dolden, weiß.
Pollenhöschenfarbe: dunkelgelb
Unter weiteren Arten: Süß-K. *(P. avium)*; Rote Sand-K. *(P. x cistena)*

Nektar								Pollen							
Mär	Apr	Mai	Jun	Jul	Aug	Sep		Mär	Apr	Mai	Jun	Jul	Aug	Sep	
	4 4	4 4					H		4 4	4 4					

Kirsch-Pflaume
(Prunus cerasifera) ♄♄

Myrobalane
Rosengewächse *(Rosaceae)*
Herkunft: Westasien, Kaukasus
Höhe: 3–8 m
Wuchs: Strauch oder kleiner Baum, aufrecht buschig. Blätter elliptisch, gesägt.
Vorkommen, Verwendung: anspruchslos an den Boden. Früchte essbar.
Blüten: ✽ vor dem Blattaustrieb, meist einzeln, zahlreich entlang der Zweige, bei grünblättrigen Formen weiß, bei rotblättrigen rosa.
Pollenhöschenfarbe: dunkelgelb
Schwarzrotblättrige Sorte: Blutpflaume
(P. c. „Pissardii")

Hybride: Rote Sand-Kirsche *(P. x cistena)*

Nektar								Pollen							
Mär	Apr	Mai	Jun	Jul	Aug	Sep		Mär	Apr	Mai	Jun	Jul	Aug	Sep	
	2 2	2					H		3 3	3					

Großes Mädesüß
(Filipendula ulmaria)

4

Echtes Mädesüß, Echte Rüsterstaude,
Spierstaude, Wiesenkönigin
Rosengewächse *(Rosaceae)*
Herkunft: Europa, Asien
Höhe: 100–200 cm
Wuchs: Staude mit aufrechtem, kaum verzweigtem Stängel und fiederteiligen Blättern
mit gezähnten Blättchen.
Vorkommen, Verwendung: nasse Wiesen,
Ufer- und Verlandungsbereich von Gewässern,
nasse Auwälder. Zierpflanze für Teichränder
auf feuchtem, humosem Lehmboden.
Blüten: ✽ zahlreich in ästigen Trugdolden,
weiß bis gelblichweiß.

Pollenhöschenfarbe: gelb
Mehrere Sorten; weitere Arten: Kleines M.
(F. vulgaris); Rotes M. *(F. rubra)*; Japanisches M.
(F. purpurea); Kamtschatka-M. *(F. kamtschatica)*

Nektar						
Mär	Apr	Mai	Jun	Jul	Aug	Sep
			o o	o o	o o	

Pollen						
Mär	Apr	Mai	Jun	Jul	Aug	Sep
			3 3	3 3	3 3	

Mandelbäumchen
(Prunus triloba)

♄

Rosengewächse *(Rosaceae)*
Herkunft: China
Höhe: 2–3 m
Wuchs: Strauch, dichtbuschig, auch auf
Stämmchen veredelt, mit breit elliptischen,
gesägten Blättern.
Vorkommen, Verwendung: Für Gärten, anspruchslos, aber geschützter, sonniger Platz.
Blüten: ✽ vor oder mit dem Blattaustrieb,
dicht beieinander entlang der Zweige, rosettenartig gefüllt, rosa.
Pollenhöschenfarbe: bräunlich gelb
Weitere Zierkirschen: Mahagoni-Kirsche
(Prunus serrula)

Nektar						
Mär	Apr	Mai	Jun	Jul	Aug	Sep
	3 3	3 3				

Pollen –						
Mär	Apr	Mai	Jun	Jul	Aug	Sep
	2 2	2 2				

H

Kleiner Odermennig
(Agrimonia eupatoria)   ♃

Rosengewächse *(Rosaceae)*
Herkunft: Europa, Asien
Höhe: 50–200 cm
Wuchs: Staude mit aufrechtem, wenig ver-
zweigtem Stängel, fiederteiligen Blättern und
grob gezähnten Blättchen.
Vorkommen, Verwendung: Trockengebüsche,
Wald- und Wegränder, Trockenrasen; liebt
nährstoffreiche, kalkhaltige Böden und sonnige
Standorte.
Blüten: ❀ zahlreich in langen Trauben, hellgelb.
Pollenhöschenfarbe: gelb
Unter weiteren Rosengewächsen: Großer
Wiesenknopf *(Sanguisorba officinalis)*

Nektar I						
Mär	Apr	Mai	Jun	Jul	Aug	Sep
				2 2	2 2	2 2

Pollen						
Mär	Apr	Mai	Jun	Jul	Aug	Sep
				2 2	2 2	2 2

Ranunkelstrauch
(Kerria japonica)   ♄

Kerrie, Japanisches Goldröschen
Rosengewächse *(Rosaceae)*
Herkunft: China, Japan
Höhe: 1,5–2 m
Wuchs: Wenig verzweigter Strauch, buschig
aufrecht bis überhängend mit rutenartigen
Zweigen und lang-eiförmig zugespitzten, dop-
pelt gesägten Blättern. Ausläufer treibend.
Vorkommen, Verwendung: Für Parks und Gär-
ten, einzeln, als Gruppen oder in Hecken; auf
kultiviertem Boden; Sonne und Halbschatten.
Blüten: ❀ mit dem Blattaustrieb an Kurztrie-
ben, meist einzeln entlang der Zweige,
schalenförmig.

Pollenhöschenfarbe: gelb
Einzige Art der Gattung; Kultursorte
„Pleniflora" mit gefüllten Blüten.

Nektar						
Mär	Apr	Mai	Jun	Jul	Aug	Sep
		2 2	2 2			

Pollen						
Mär	Apr	Mai	Jun	Jul	Aug	Sep
		2 2	2 2			

Hunds-Rose
(Rosa canina)

♄

Hecken-Rose
Rosengewächse *(Rosaceae)*
Herkunft: Europa
Höhe: 1–3 m
Wuchs: Strauch, breit buschig, mit überhängenden, stacheligen Zweigen und gefiederten Blättern. Blättchen breit-eiförmig.
Vorkommen, Verwendung: an Wald- und Wegrändern. Häufig gepflanzt, für Parks und Stadtgrün. Bevorzugt tiefgründige, nährstoffreiche frische Böden.
Blüten: ✿ meist einzeln in den Blattachseln, bei verschiedenen Formen weiß, rosa oder rot
Pollenhöschenfarbe: rötlich gelb

Viele weitere Arten von *Rosa* mit Wildcharakter

Nektar						
Mär	Apr	Mai	Jun	Jul	Aug	Sep
			2 2	2 2		

Pollen						
Mär	Apr	Mai	Jun	Jul	Aug	Sep
			2 2	2 2		

Strauch-Rose
(Rosa-Sorten)

♄

Rosengewächse *(Rosaceae)*
Herkunft: Europa, Asien, Nordamerika
Höhe: 1,2–2 m
Wuchs: Strauch, aufrecht buschig mit stacheligen Zweigen und unpaarig gefiederten Blättern.
Vorkommen, Verwendung: Für Gärten und Grünanlagen einzeln oder in Gruppen auf tiefgründigem, nährstoffreichem, frischem Boden und an sonnigem Standort.
Blüten: ✿ meist einzeln in den Blattachseln, bei verschiedenen Formen weiß, rosa oder rot.
Pollenhöschenfarbe: bräunlich gelb
Weitere Rosen: zahlreiche Zuchtsorten von

Beet-Rosen, Edel-Rosen, Kleinstrauch-Rosen, Strauch-Rosen, Kletter- und Zwerg-Rosen.

Nektar						
Mär	Apr	Mai	Jun	Jul	Aug	Sep
		2	2 2	2 2	2 2	

Pollen						
Mär	Apr	Mai	Jun	Jul	Aug	Sep
		2	2 2	2 2	2 2	

Japanische Scheinquitte
(Chaenomeles japonica) ♄

Japanische Zierquitte
Rosengewächse *(Rosaceae)*
Herkunft: Japan
Höhe: 0,8–1,5 m
Wuchs: Strauch, sparrig und breit mit teils niederliegenden Zweigen und eiförmigen, gekerbten Blättern.
Vorkommen, Verwendung: Für Gehölzgruppen, niedrige Hecken oder zur flächigen Bepflanzung in Parks und Gärten auf frischen Böden in sonniger Lage.
Blüten: ✳ mit den Blättern erscheinend, in Büscheln zu 3–6, rot in div. Tönungen.
Pollenhöschenfarbe: gelbbraun

Weitere Scheinquitten: Chinesische S. *(C. speciosa)* und Hybridsorten aus den beiden Arten *(C. x superba)*

Nektar						
Mär	Apr	Mai	Jun	Jul	Aug	Sep
	2	2 2				

Pollen						
Mär	Apr	Mai	Jun	Jul	Aug	Sep
	3	3 3				

Japanischer Spierstrauch
(Spiraea japonica) ♄

Rosa Zwerg-Spiere
Rosengewächse *(Rosaceae)*
Herkunft: Japan
Höhe: 0,3–2 m
Wuchs: Strauch, meist buschig, gedrungen mit oval lanzettlichen, gesägten, erst gelb und rosa gescheckten, dann grünen Blättern.
Vorkommen, Verwendung: Für Pflanzung in Gruppen und Hecken, als Bodendecker, für Staudenrabatten, in Parks auch flächig auf sandig-lehmigem, frischem Boden an sonnigem bis halbschattigem Standort.
Blüten: ✳ in Doldenrispen, rosa oder weiß.
Pollenhöschenfarbe: rotgelb

Mehrere Sorten; unter weiteren Arten: Polster-S. *(S. decumbens)*; Billards S. *(S. x billardii)*

Nektar						
Mär	Apr	Mai	Jun	Jul	Aug	Sep
			2 2	2 2		

Pollen						
Mär	Apr	Mai	Jun	Jul	Aug	Sep
			2 2	2 2		

Eingriffeliger Weißdorn
(Crataegus monogyna)

ħ ħ

Rosengewächse *(Rosaceae)*
Herkunft: Europa, Asien
Höhe: 2–6 m
Wuchs: Strauch oder kleiner Baum, dornig, mit aufrechtem, sparrigem Wuchs und tief geteilten Blättern
Vorkommen, Verwendung: Waldränder und Gebüsche. Für feldschützende oder Garten-Hecken, auch zur Straßenbepflanzung; nährstoff- und kalkreiche, anlehmige frische Böden. Zwischenwirt des Feuerbrandes.
Blüten: ✽ weiß, an Kurztrieben in aufrechten, doldenartigen Rispen.
Pollenhöschenfarbe: braungelb

Unter weiteren Arten: Zweigriffeliger W. *(C. laevigata)* L; Orientalischer W. *(C. laciniata)*

Nektar						
Mär	Apr	Mai	Jun	Jul	Aug	Sep
		2 2	2 2			

Pollen						
Mär	Apr	Mai	Jun	Jul	Aug	Sep
		2 2	2 2			

Fächer-Zwergmispel
(Cotoneaster horizontalis)

ħ

Rosengewächse *(Rosaceae)*
Herkunft: China
Höhe: 0,7–1,5 m
Wuchs: Strauch, flach, vor Mauern auch aufrecht, mit fischgrätenartig verzweigten Trieben und rundlichen, oberseits glänzenden Blättern.
Vorkommen, Verwendung: Als Bodendecker, für Steingärten und Felsgruppen auf nährstoff- und kalkreichem, anlehmigem, frischem Boden.
Blüten: ✽ in den Blattachseln zu 1–3, weiß, rötlich überlaufen.
Pollenhöschenfarbe: grau
Unter weiteren Arten: Teppich-Z.

(C. dammeri); Gewöhnliche Z. *(C. integerrimus)*; Nanshan-Z. *(C. praecox)*

Nektar						
Mär	Apr	Mai	Jun	Jul	Aug	Sep
		4	4 4			

Pollen						
Mär	Apr	Mai	Jun	Jul	Aug	Sep
		3	3 3			

Gewöhnliche Rosskastanie
(Aesculus hippocastanum) ♄

Rosskastaniengewächse (Hippocastanaceae)
Herkunft: Südosteuropa
Höhe: 20–30 m
Wuchs: Baum mit rundlich ausladender Krone und gefingerten Blättern mit verkehrt-eiförmigen Teilblättern.
Vorkommen, Verwendung: Kühle Mischwälder; Park- und Schatten spendender Dorfbaum. Als Alleebaum wegen des Fruchtfalls für wenig befahrene Straßen. Bevorzugt nährstoffreiche, frische Böden.
Blüte: ❀ nach Blattaustrieb, in langen, aufrechten Rispen, weiß mit gelbem, später rotem Saftmal, männlich, weiblich und zwittrig.

Pollenhöschenfarbe: ziegelrot
Unter weiteren Arten: Gelbe R. *(Aesculus flava)*

Nektar							Pollen						
Mär	Apr	Mai	Jun	Jul	Aug	Sep	Mär	Apr	Mai	Jun	Jul	Aug	Sep
	3	3 3	3					3	3 3	3			

H

Rote Rosskastanie
(Aesculus x carnea) ♄

Rosskastaniengewächse (Hippocastanaceae)
Herkunft: Kreuzungsprodukt aus der Gewöhnlichen Rosskastanie *(Aesculus hippocastanum)* mit der in Nordamerika beheimateten Pavien-Rosskastanie *(Aesculus pavia)*.
Höhe: 15–20 m
Wuchs: Baum; kompakte runde Krone, gefingerte Blätter mit gewellten Teilblättern.
Vorkommen, Verwendung: Sonnige Plätze in Parks. Auch als Alleebaum (geringer Fruchtfall). Anspruchslos; nährstoffreiche Böden.
Blüte: ❀ nach Blattaustrieb, in langen aufrechten Rispen, kräftig rosa bis rot mit gelbem, später rotem Saftmal.

Pollenhöschenfarbe: ziegelrot
Unter weiteren Arten: Ohio-R. *(A. glabra)*; Strauch-R. *(A. parviflora)*

Nektar							Pollen						
Mär	Apr	Mai	Jun	Jul	Aug	Sep	Mär	Apr	Mai	Jun	Jul	Aug	Sep
	3	3 3	3					3	3 3	3			

H

Aufrechter Sauerklee
(Oxalis stricta)

⊙ 4

Steifer Sauerklee, Gelber Sauerklee,
Europäischer Sauerklee
Sauerkleegewächse *(Oxalaceae)*
Herkunft: Nordamerika, in Europa verwildert
Höhe: 15–40 cm
Wuchs: Einjährig oder mit Ausläuferteilen
überwinternd; aufrechter Stängel, kleeartig
dreiteilige Blätter, herzförmige Blättchen.
Vorkommen, Verwendung: Gärten, Hack-
fruchtkulturen, Wege, Schuttplätze, Friedhöfe.
Liebt humose, kalkarme, frische sandige Lehm-
böden und warme Standorte.
Blüten: ✿ meist zu 2–6 in lockeren, schein-
doldig-traubigen Blütenständen, gelb.

Pollenhöschenfarbe: braun
Unter weiteren Arten: Anden-Sauerklee
(Oxalis adenophylla)

Nektar						
Mär	Apr	Mai	Jun	Jul	Aug	Sep
				2 2	2 2	2 2

Pollen						
Mär	Apr	Mai	Jun	Jul	Aug	Sep
				2 2	2 2	2 2

Gewöhnlicher Blasenstrauch
(Colutea arborescens)

♄

Schmetterlingsblütengewächse *(Fabaceae)*
Herkunft: Südeuropa, Nordafrika
Höhe: 2–4 m
Wuchs: Aufrecht wachsender Strauch mit
gefiederten Blättern und elliptischen
Blättchen.
Vorkommen, Verwendung: Zur Bepflan-
zung von Böschungen auf trockenen
und steinigen, kalkhaltigen Böden in
sonniger Lage.
Blüten: ✿ aus den Blattachseln zu 6–8
in aufrechten Trauben, gelb.
Pollenhöschenfarbe: gelbbraun
Unter weiteren Arten: Bastard-B. *(C. x media)*

Nektar						
Mär	Apr	Mai	Jun	Jul	Aug	Sep
			3 3	3 3	3 3	

Pollen						
Mär	Apr	Mai	Jun	Jul	Aug	Sep
			2 2	2 2	2 2	

Gewöhnlicher Erbsenstrauch ♄
(Caragana arborescens)

Schmetterlingsblütengewächse *(Fabaceae)*
Herkunft: Sibirien, Zentralasien
Höhe: 3–6 m
Wuchs: Aufrecht wachsender, wenig verzweigter Strauch mit gefiederten Blättern und elliptischen Blättchen.
Vorkommen, Verwendung: Hecken- und Windschutzgehölz, zur Bepflanzung trockener Böschungen. Anspruchslos an Boden und Feuchtigkeit. Frosthart, lichtbedürftig.
Blüten: ✿ goldgelb, einzeln oder in kleinen Büscheln entlang der Zweige.
Pollenhöschenfarbe: gelblich
Mehrere Sorten, unter weiteren Arten: Zwerg-E.

(C. pygmaea); Orangeblütiger E. (C. aurantiaca)

Nektar						
Mär	Apr	Mai	Jun	Jul	Aug	Sep
		2 2				

Pollen						
Mär	Apr	Mai	Jun	Jul	Aug	Sep
		2 2				

Saat-Esparsette ♃
(Onobrychis viciifolia)

Futter-Esparsette, Esper
Schmetterlingsblütengewächse *(Fabaceae)*
Herkunft: Iran, Naher Osten
Höhe: 30–80 cm
Wuchs: Ausdauernde Pflanze mit aufrechtem Stängel und gefiederten Blättern.
Vorkommen, Verwendung: Verwildert auf Halbtrockenrasen, Trockenwiesen und an Böschungen; Stickstoff sammelnde Pionier- und Futterpflanze für flachgründige, trockene Kalkböden. Aussaat unter Deckfrucht.
Blüten: ✿ in endständigen, traubenförmigen Blütenständen; Schmetterlingsblüten mit Klappvorrichtung rosa, dunkelpurpurn geadert.

Pollenhöschenfarbe: gelbbraun
Unter weiteren Arten: Sand-E. *(O. arenaria)*; Berg-E. *(O. montana)*

Nektar						
Mär	Apr	Mai	Jun	Jul	Aug	Sep
		4	4 4	4		

Pollen						
Mär	Apr	Mai	Jun	Jul	Aug	Sep
		4	4 4	4		

Gewöhnlicher Hornklee
(Lotus corniculatus)

4

Hornschotenklee
Schmetterlingsblütengewächse *(Fabaceae)*
Herkunft: Alle gemäßigten Zonen der Welt
Höhe: 10–40 cm
Wuchs: Ausdauernde Wild- und Futterpflanze mit fünfteilig gefiederten Blättern.
Vorkommen, Verwendung: Wiesen, Wegränder. Für langjährige Klee-Gras-Gemische, kalkhaltige, lehmige Böden. Stickstoffsammler.
Blüten: ⚘ zu 3–6 in doldig-halbkugeligen Blütenständen am Ende des Stängels und der Zweige; Schmetterlingsblüten mit Pumpvorrichtung, hell- oder goldgelb, Fahne und Schiffchen auch rot überlaufen.

Pollenhöschenfarbe: gelbbraun
Unter weiteren Arten: Sumpf-H. *(L. uliginosus)*

Nektar						
Mär	Apr	Mai	Jun	Jul	Aug	Sep
		3	3 3	3 3	3 3	3

Pollen						
Mär	Apr	Mai	Jun	Jul	Aug	Sep
		1	1 1	1 1	1 1	1

Schweden-Klee
(Trifolium hybridum)

4

Bastard-Klee
Schmetterlingsblütengewächse *(Fabaceae)*
Herkunft: Atlantisches Europa
Höhe: 20–60 cm
Wuchs: Ausdauernd, mit aufrechtem oder aufsteigendem Stängel und dreiteiligen Blättern. Blättchen fein gezähnt.
Vorkommen, Verwendung: Wegränder, Uferböschungen. Futterpflanze für Wiesen, im Feldfutterbau für Klee-Gras-Gemische oder Gründüngung in feuchten und rauen Lagen. Bevorzugt lehmigen Boden. Aussaat zur Samengewinnung in trockeneren Lagen unter Getreide.
Blüten: ⚘ zahlreich in einem kugelig- bis breit eiförmigen Köpfchen; Schmetterlingsblüten mit Klappvorrichtung, erst weiß, dann rosa.
Pollenhöschenfarbe: braungelb
Unter weiteren Arten: Inkarnat-K. *(T. incarnatum)*; Feld-K. *(T. campestre)*; Persischer K. *(T. resupinatum)*

Nektar						
Mär	Apr	Mai	Jun	Jul	Aug	Sep
		4	4 4	4 4	4 4	4

Pollen						
Mär	Apr	Mai	Jun	Jul	Aug	Sep
		3	3 3	3 3	3 3	3

Rot-Klee ♃
(Trifolium pratense)

Wiesen-Rotklee, Wiesenklee
Schmetterlingsblütengewächse *(Fabaceae)*
Herkunft: Europa
Höhe: 20–70 cm
Wuchs: Ausdauernd. Dreiteilige Blätter. Blättchen meist mit hellgrüner Zeichnung.
Vorkommen, Verwendung: Wiesen, Wegränder. Im Feldfutterbau rein oder für Klee-Gras-Gemische in feuchten Lagen. Bevorzugt nährstoff- und kalkreichen Lehmboden. Saatbau auf leichteren Böden. Stickstoffsammler.
Blüten: ✻ zahlreich in einem kugelig-eiförmigen Köpfchen, Schmetterlingsblüten mit Klappvorrichtung, purpurrot oder rosa.

Pollenhöschenfarbe: dunkelbraun
Unter weiteren Arten: Mittlerer K. *(T. medium);* Berg-K. *(T. montanum)*

Nektar								Pollen							
Mär	Apr	Mai	Jun	Jul	Aug	Sep		Mär	Apr	Mai	Jun	Jul	Aug	Sep
			3 3	3 3	3 3	3					3 3	3 3	3 3	3

Weiß-Klee ♃
(Trifolium repens)

Kriechender Klee, Lämmer-Klee
Schmetterlingsblütengewächse *(Fabaceae)*
Herkunft: Europa
Höhe: 10–30 cm
Wuchs: Ausdauernd, kriechender, wurzelnder Stängel mit dreiteiligen Blättern.
Vorkommen, Verwendung: Rasen, Wegränder. Für Weiden, Wiesen, im Feldfutterbau für Klee-Gras-Gemische. Bevorzugt nährstoff- und kalkreichen, frischen, lehmigen Boden.
Blüten: ✻ zahlreich in einem kugeligen Köpfchen, Schmetterlingsblüten mit Klappvorrichtung, weiß.
Pollenhöschenfarbe: braungelb

Unter weiteren Arten: Alexandriner K. *(T. alexandrinum);* Gold-K. *(T. aureum)*

Nektar								Pollen							
Mär	Apr	Mai	Jun	Jul	Aug	Sep		Mär	Apr	Mai	Jun	Jul	Aug	Sep
		4	4 4	4 4	4 4	4				3	3 3	3 3	3 3	3

Saat-Luzerne
(Medicago sativa)
4

Blaue Luzerne
Schmetterlingsblütengewächse *(Fabaceae)*
Herkunft: Iran, Naher Osten
Höhe: 30–90 cm
Wuchs: Ausdauernd; dreiteilige Blätter.
Vorkommen, Verwendung: Verwildert an
Wegrändern, auf Trockenwiesen. Futterpflanze
auf tiefgründigen, kalk- und nährstoffreichen
Böden. Keimlinge auch zur Salatbereitung.
Aussaat als Reinsaat. Stickstoffsammler.
Blüten: ✿ in kopfig-traubigen Blütenständen
am Ende des Stängels und der Zweige,
Schmetterlingsblüten mit Schnellvorrichtung,
violett bis purpurrot.

Pollenhöschenfarbe: gelb
Unter weiteren Arten: Sand-L. *(M. x varia);*
Gelbklee *(M. lupulina)*

Nektar						
Mär	Apr	Mai	Jun	Jul	Aug	Sep
			3 3	3 3	3 2	2

Pollen						
Mär	Apr	Mai	Jun	Jul	Aug	Sep
			1 1	1 1	1 2	2

Gewöhnliche Robinie
(Robinia pseudoacacia)
♄

Falsche Akazie, Scheinakazie
Schmetterlingsblütengewächse *(Fabaceae)*
Herkunft: Nordamerika, in Europa
eingebürgert
Höhe: 10–25 m
Wuchs: Baum mit gefiederten Blättern mit
eiförmigen Blättchen. Ausläufer treibend.
Vorkommen, Verwendung: Bodenbefestiger,
Stickstoffsammler für Böschungen und Rekul-
tivierung von Kippen, auch Straßenbaum. Tro-
ckene Böden, sonnige Lage. Blütenknospen
empfindlich gegen Spätfröste.
Blüten: ✿ in großen, hängenden Trauben,
Blüten mit Bürstenvorrichtung, weiß.

Nektarsammlerin   Pollensammlerin

Pollenhöschenfarbe: graubraun
Unter weiteren Arten: Rosafarbene R.
(R. x ambigua); Borstige R. *(R. hispida)*

Nektar						
Mär	Apr	Mai	Jun	Jul	Aug	Sep
		4	4 4			

Pollen						
Mär	Apr	Mai	Jun	Jul	Aug	Sep
		2	2 2			

Japanischer Schnurbaum
(Sophora japonica) ♄

Sophore, Pagodenbaum
Schmetterlingsblütengewächse *(Fabaceae)*
Herkunft: China, Korea
Höhe: 12–25 m
Wuchs: Baum mit breit gewölbter Krone, gefiederten Blättern und eiförmigen Blättchen.
Vorkommen, Verwendung: Parks, Plätze, stadtklimafest und abgasresistent. Waldränder und Windschutzstreifen. Liebt durchlässigen Boden und sonnigen Standort. Blühreife ab 12 Jahren.
Blüten: ⚘ in breiten, aufrechten, rispenartigen Trauben, Schmetterlingsblüten mit Bürstenvorrichtung, cremefarben.
Pollenhöschenfarbe: gelblich

Sorten und weitere, weniger frostharte, **Arten.**

Nektar						
Mär	Apr	Mai	Jun	Jul	Aug	Sep
				4	4 4	

Pollen						
Mär	Apr	Mai	Jun	Jul	Aug	Sep
				2	2 2	

Serradella
(Ornithopus sativus) ☉

Großer Vogelfuß
Schmetterlingsblütengewächse *(Fabaceae)*
Herkunft: Westliches Mittelmeer- und atlantisches Küstengebiet
Höhe: 30–60 cm
Wuchs: Einjährig, mit liegenden bis aufrechten Stängeln und gefiederten Blättern.
Vorkommen, Verwendung: Futter- und Gründüngungspflanze für sandige, nährstoffarme, schwach saure, frische Böden in feuchtem Klima. Aussaat unter Deckfrucht, rein oder in Gemischen. Stickstoffsammler.
Blüten: ⚘ kopfig-traubenförmige Blütenstände in den Achseln der oberen Blätter,

Schmetterlingsblüten mit Klappvorrichtung, hellrosa, dunkelpurpurn geadert.
Pollenhöschenfarbe: gelblich
Weitere Art: Kleiner Vogelfuß *(O. perpusillus)*

Nektar						
Mär	Apr	Mai	Jun	Jul	Aug	Sep
			2 2	2 2	2 2	

Pollen						
Mär	Apr	Mai	Jun	Jul	Aug	Sep
			2 2	2 2	2 2	

Echter Steinklee
(Melilotus officinalis) ☺

Gelber Steinklee, Acker-Honigklee
Schmetterlingsblütengewächse *(Fabaceae)*
Herkunft: Vermutlich China; eingebürgert
Höhe: 30–150 cm
Wuchs: Zweijährige Wild- und alte Heilpflanze
mit aufrechtem Stängel, dreiteiligen Blättern
und gezähnten Blättchen.
Vorkommen, Verwendung: Wegränder, trocke-
nes Ödland, Bahngelände, Kiesgruben, Stein-
brüche. Stickstoffsammler, kalkliebend.
Blüten: ⚘ in ährigen, blattachsel- und end-
ständigen Trauben; Schmetterlingsblüten mit
Klappvorrichtung, gelb.
Pollenhöschenfarbe: wachsgelb

Unter weiteren Arten: Hoher S. *(M. altissimus)*;
Gezähnter S. *(M. dentatus)*; Kleinblütiger S.
(M. indicus)

Nektar						
Mär	Apr	Mai	Jun	Jul	Aug	Sep
			4	4 4	4 4	4

Pollen						
Mär	Apr	Mai	Jun	Jul	Aug	Sep
			3	3 3	3 3	3

Weißer Steinklee
(Melilotus albus) ☺

Weißer Honigklee, Bokharaklee, Bucharaklee
Schmetterlingsblütengewächse *(Fabaceae)*
Herkunft: Mittelmeergebiet, Westasien, jetzt
weltweit verbreitet
Höhe: 50–200 cm
Wuchs: Zweijährig, aufrechter, ästiger Stängel
und dreiteilige Blätter mit gezähnten Blättchen.
Vorkommen, Verwendung: Wegränder, trocke-
nes Ödland. Als Boden aufschließende, Stick-
stoff sammelnde Pionierpflanze und zur Heuge-
winnung (nicht für Nagetiere) auf kiesigen, steini-
gen oder extrem schweren Böden; kalkliebend.
Aussaat zur Samengewinnung als Reinsaat.
Blüten: ⚘ in ährigen, blattachsel- und endständigen Trauben, Schmetterlingsblüten mit
Klappvorrichtung, weiß.
Pollenhöschenfarbe: wachsgelb
Einjährige Sorte: Hubamklee
weitere Art: Kleinblütiger S. *(M. indicus)*

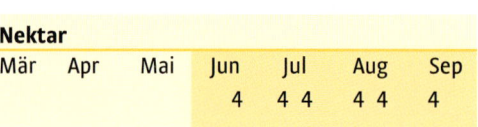

Nektar						
Mär	Apr	Mai	Jun	Jul	Aug	Sep
			4	4 4	4 4	4

Pollen						
Mär	Apr	Mai	Jun	Jul	Aug	Sep
			3	3 3	3 3	3

Unform ♄
(Amorpha fruticosa)

Scheinindigo, Bastardindigo, Bleibusch
Schmetterlingsblütengewächse *(Fabaceae)*
Herkunft: Nordamerika
Höhe: 2–3 m
Wuchs: Sparriger Strauch mit gefiederten Blättern und eiförmigen Blättchen.
Vorkommen, Verwendung: Zur Bepflanzung von Böschungen einzeln, in Gruppen oder als Hecke, auch auf leichten, trockenen Böden, in sonniger Lage. Mäßig frosthart.
Blüten: ✻ in langen, aufrechten, zu mehreren an den Zweigenden gehäuften Trauben. Schmetterlingsblüten nur mit Fahne; Schiffchen und Flügel fehlen, purpurviolett.

Pollenhöschenfarbe: orange
Weitere Sträucher mit Schmetterlingsblüten: Arten und Sorten von Geißklee *(Cytisus)* und Ginster *(Genista)*

Nektar						
Mär	Apr	Mai	Jun	Jul	Aug	Sep
			3 3	3 3		

Pollen						
Mär	Apr	Mai	Jun	Jul	Aug	Sep
			2 2	2 2		

Zottelwicke ☺
(Vicia villosa)

Sandwicke, Winterwicke
Schmetterlingsblütengewächse *(Fabaceae)*
Herkunft: Europa
Höhe: 50–100 cm
Wuchs: Zweijährige Winterzwischenfruchtpflanze mit kletterndem, verzweigtem Stängel und gefiederten Blättern.
Vorkommen, Verwendung: Als Futter im Kleegrasgemisch oder Gründüngung für kalkhaltige lehmige Sandböden. Für Samenbau Aussaat mit Winterroggen als Stützfrucht auf trockeneren Böden. Stickstoffsammler.
Blüten: ✻ in Trauben in den oberen Blattachseln, Blüten mit Bürstenvorrichtung, violett.

Pollenhöschenfarbe: dunkelgelb
Unter weiteren Arten: Pannonische W. *(V. pannonica)*; Ackerbohne *(V. faba)*

Nektar						
Mär	Apr	Mai	Jun	Jul	Aug	Sep
		3	3 3	3 3		

Pollen						
Mär	Apr	Mai	Jun	Jul	Aug	Sep
		2	2 2	2 2		

Curaçao-Seidenpflanze
(Asclepias curassavica)   ♄

Indianer-Seidenpflanze
Schwalbenwurzgewächse *(Asclepiadaceae)*
Herkunft: Subtropisches und tropisches
Amerika
Höhe: 0,5–1,5 m
Wuchs: Halbstrauch, immergrün mit aufrechtem Wuchs und lanzettlichen Blättern.
Vorkommen, Verwendung: Als Terrassen-, Balkon- oder Steingartenpflanze für nährstoffreichen und feuchten Boden. Überwinterung bei 5–12 °C im Wintergarten oder hellen Treppenhaus. Vermehrung durch Samen oder Teilung.
Blüten: ❀ in den Achseln der oberen Blätter in Trugdolden, 5-zählig, orangerot.

Pollenhöschenfarbe: grau
Winterharte Arten: Gewöhnliche S. *(A. syriaca)*; Pracht-S. *(A. speciosa)*; Fleischrote S. *(A. incarnata)*

Nektar							
Mär	Apr	Mai	Jun	Jul	Aug	Sep
			4 4	4 4	4 4	4 4

Pollen							
Mär	Apr	Mai	Jun	Jul	Aug	Sep
			1 1	1 1	1 1	1 1

Frühlings-Krokus
(Crocus vernus subsp. vernus)   ♃

Violetter Krokus, Violetter Safran,
Holländischer Krokus
Schwertliliengewächse *(Iridaceae)*
Herkunft: Europa, gemäßigtes Asien, N-Afrika
Höhe: 8–20 cm
Wuchs: Ausdauernd, lanzettliche Blätter.
Vorkommen, Verwendung: Verwildert auf Bergwiesen. Für Steingärten und Rasenflächen auf humosem, sandig-lehmigem, frischem bis feuchtem Boden an sonnigem Standort. Rasenmahd erst nach Vergilben der Blätter. Vermehrung durch Auspflanzen der Brutknollen oder Aussaat.
Blüten: ✳ vor Erscheinen der Blätter, becher-

förmig, violett. Narben überragen Spitzen der Staubbeutel.
Pollenhöschenfarbe: braungelb
Viele Sorten; unter weiteren Arten: Kleiner K. *(C. chrysanthus)* in vielen Sorten

Nektar							
Mär	Apr	Mai	Jun	Jul	Aug	Sep
3 3	3 3					

Pollen							
Mär	Apr	Mai	Jun	Jul	Aug	Sep
2 2	2 2					

Weißer Krokus
(Crocus vernus subsp. albiflorus) ♃

Weißer Safran, Alpen-Krokus
Schwertliliengewächse *(Iridaceae)*
Herkunft: Europa, gemäßigtes Asien, N-Afrika
Höhe: 8–20 cm
Wuchs: Ausdauernd, lanzettliche Blätter.
Vorkommen, Verwendung: Verwildert auf feuchten, kalkreichen Bergwiesen. Für Steingärten und Rasenflächen auf humosem, sandig-lehmigem, frischem bis feuchtem Boden an sonnigem Standort. Rasenmahd erst nach Vergilben der Blätter. Vermehrung durch Auspflanzen der Brutknollen oder Aussaat.
Blüten: ❋ einzeln oder zu zweit vor Erscheinen der Blätter, becherförmig, meist weiß, teils violett oder gestreift. Narben kürzer als die Staubblätter.
Pollenhöschenfarbe: braungelb
Unter weiteren Arten: Gelber S. *(C. flavus)* und weitere Frühjahrs- sowie auch Herbstblüher

Nektar						
Mär	Apr	Mai	Jun	Jul	Aug	Sep
3 3	3 3					

Pollen						
Mär	Apr	Mai	Jun	Jul	Aug	Sep
2 2	2 2					

Gewöhnlicher Seidelbast
(Daphne mezereum) ♄

Kellerhals
Seidelbastgewächse *(Thymelaeaceae)*
Herkunft: Europa, Asien.
Höhe: 1–1,5 m
Wuchs: Strauch, locker aufrecht, wenig verzweigt, mit lanzettlichen Blättern
Vorkommen, Verwendung: Lichte Laub- und Laubmischwälder. Ziergehölz für Staudenanlagen und niedrige Gehölzgruppen, bevorzugt nährstoff- und kalkreiche, frische Böden an geschützten, halbschattigen Plätzen. Wenig schnittverträglich.
Blüten: ❀ vor dem Blattaustrieb zu 2–3 in Dolden entlang der Triebe, rosarot.
Pollenhöschenfarbe: weißgelb
Mehrere Sorten; unter weiteren Arten:
Burkwoods S. *(D. burkwoodii)* in Sorten

Nektar						
Mär	Apr	Mai	Jun	Jul	Aug	Sep
2 2	2					

Pollen						
Mär	Apr	Mai	Jun	Jul	Aug	Sep
2 2	2					

Gewöhnlicher Sommerflieder ♄
(Buddleja davidii)

Schmetterlingsstrauch
Sommerfliedergewächse *(Buddlejaceae)*
Herkunft: China
Höhe: 3–4 m
Wuchs: Strauch, aufrecht mit überhängenden Zweigen. Blätter eilanzettlich, fein gezähnt.
Vorkommen, Verwendung: Für Gärten und Hecken auf kalkhaltigen Böden an sonnigen Plätzen. Starker Rückschnitt empfehlenswert
Blüten: an einjährigen Trieben in langen, meist übergebogenen Rispen, in Sorten weiß, rosa, purpurrot, violett oder blau.
Pollenhöschenfarbe: hellgrau
Viele Sorten

Nektar

Mär	Apr	Mai	Jun	Jul	Aug	Sep
				2 2	2 2	2 2

Pollen

Mär	Apr	Mai	Jun	Jul	Aug	Sep
				2 2	2 2	2 2

Gemüse-Spargel ♃
(Asparagus officinalis)

Spargelgewächse *(Asparagaceae)*
Herkunft: Mittelmeerraum, Westasien
Höhe: 50–150 cm
Wuchs: Ausdauernd, aufrechter, gebogener Stängel und nadelförmige Ästchen mit Blattfunktion.
Vorkommen, Verwendung: Gemüse- und Zierpflanze für nährstoffreiche, humose, lehmige, gut erwärmbare Sandböden. Auch verwildert. Vermehrung durch Setzlinge oder Aussaat.
Blüten: in den Achseln der Scheinblätter, zweihäusig, weiß. Blütezeit in Abhängigkeit von der Ernte.
Pollenhöschenfarbe: rotgelb

Weitere Arten als Zierpflanzen für frostfreies Klima

Nektar

Mär	Apr	Mai	Jun	Jul	Aug	Sep
			3	3 3	3 3	3

Pollen

Mär	Apr	Mai	Jun	Jul	Aug	Sep
			3	3 3	3 3	3

Kissen-Flammenblume
(Phlox subulata)

4

Polster-Phlox, Moos-Phlox
Sperrkrautgewächse *(Polemoniaceae)*
Herkunft: Nordamerika
Höhe: 5–20 cm
Wuchs: Staude, bildet teppichartige Polster von sparrig-spreizenden, pfriemlichen, immergrünen Blättern.
Vorkommen, Verwendung: Für Steingärten und Mauern, zwischen höheren Stauden oder Sträuchern, auf sandig-humosem, nährstoffreichem, frischem Boden und sonnigem bis halbschattigem Standort. Vermehrung durch Teilung.
Blüten: ❀ endständig in traubigen Rispen, blassblau, rosa, rot, violett oder weiß.

Pollenhöschenfarbe: orange
Viele Sorten; unter weiteren Arten: Stauden-F. *(P. paniculata)*; Wiesen-F. *(P. maculata)*, Einjahrs-F. *(P. drummondi)*, jeweils in vielen Sorten

Nektar						
Mär	Apr	Mai	Jun	Jul	Aug	Sep
	2 2	2 2	2			

Pollen						
Mär	Apr	Mai	Jun	Jul	Aug	Sep
	2 2	2 2	2			

Blaue Himmelsleiter
(Polemonium caeruleum)

4

Jakobsleiter, Sperrkraut
Himmelsleitergewächse *(Polemoniaceae)*
Herkunft: Kühl-gemäßigte Regionen Europas
Höhe: 50–90 cm
Wuchs: Staude, Horst bildend, mit aufrechtem, im Blütenbereich verzweigtem Stängel, gefiederten Blättern und lanzettlichen Blättchen
Vorkommen, Verwendung: Lichte Wälder; Gebüsche. Zierpflanze für gemischte Rabatten, Weg- und Gehölzränder. Durchlässige, sandig-lehmige, feuchte Böden; Sonne und Halbschatten. Vermehrung durch Aussaat oder Teilen.
Blüten: ❀ in traubigen Rispen am Ende des Stängels, leuchtend blau.

Pollenhöschenfarbe: gelborange
In Sorten; unter weiteren Arten: Horst bildende H. *(P. reptans)* in Sorten

Nektar						
Mär	Apr	Mai	Jun	Jul	Aug	Sep
			3 3	3 3		

Pollen						
Mär	Apr	Mai	Jun	Jul	Aug	Sep
			3 3	3 3		

Blut-Johannisbeere
(Ribes sanguineum)   ♄

Stachelbeergewächse *(Grossulariaceae)*
Herkunft: Nordamerika
Höhe: 1,5–2,5 m
Wuchs: Strauch, aufrecht, dicht verzweigt, mit 3–5-lappigen Blättern.
Vorkommen, Verwendung: Ziergehölz für Gärten und Grünanlagen in Gruppen, auch mit anderen Gehölzen, auf nicht zu trockenen Böden in sonniger Lage. Verträgt Stadtklima.
Blüten: ✿ zahlreich in hängenden Trauben. röhrenförmig, rosa bis rot.
Pollenhöschenfarbe: blassgelb
Mehrere Sorten; unter weiteren Arten: Alpen-J. *(R. alpinum)*; Gold-J. *(R. aureum)*

In vielen Sorten: Rote J. *(R. rubrum)*, Schwarze J. *(R. nigrum)*

Nektar						
Mär	Apr	Mai	Jun	Jul	Aug	Sep
	2 2	2				

Pollen						
Mär	Apr	Mai	Jun	Jul	Aug	Sep
	2 2	2				

Gewöhnliche Stachelbeere
(Ribes uva-crispa)   ♄

Stickelbeere
Stachelbeergewächse *(Grossulariaceae)*
Herkunft: gemäßigte Zonen Europas und Asiens
Höhe: 0,5–1,5 m
Wuchs: Strauch, buschig, dicht verzweigt, mit 3–5-lappigen Blättern.
Vorkommen, Verwendung: Laubwälder, Gebüsche, Felsspalten, Waldränder. Obstgehölz für nährstoffreichen, etwas kalkhaltigen, frischen, sandigen Lehmboden und sonnigen Standort.
Blüten: ✿ zu 1–3 in den Blattachseln, glockig, Blütenblätter grüngelb, Kelchblätter braunrot oder grün, rötlich überlaufen.

Pollenhöschenfarbe: graugelb
In Sorten: Kultur-Stachelbeere *(R. uva-crispa var. sativum)*; Jochelbeere *(R. x nidigrolaria)*

Nektar						
Mär	Apr	Mai	Jun	Jul	Aug	Sep
	3 3 3					

Pollen						
Mär	Apr	Mai	Jun	Jul	Aug	Sep
	1 1 1					

China-Astilbe
(Astilbe chinensis)

4

Prachtspiere
Steinbrechgewächse *(Saxifragaceae)*
Herkunft: Ostasien, Ostsibirien
Höhe: 25–120 cm
Wuchs: Staude, Horst bildend, aufrechter Stängel und grundständige, gefiederte Blätter mit gezähnten Blättchen.
Vorkommen, Verwendung: In Gruppen für bunte Beete, vor Gehölzen und als Bodendecker auf sandigem bis lehmigem, frischem Boden mit mittlerem Nährstoffgehalt an halbschattigem Standort.
Blüten: ❀ in dichten, flockigen Ähren, klein, rosa bis violett.

Pollenhöschenfarbe: grauweiß
Unter weiteren Arten: Garten-A. *(Astilbe x arendsii)* in vielen Sorten

Nektar						
Mär	Apr	Mai	Jun	Jul	Aug	Sep
				3 3	3 3	3

Pollen						
Mär	Apr	Mai	Jun	Jul	Aug	Sep
				3 3	3 3	3

Pracht-Storchschnabel
(Geranium x magnificum)

4

Storchschnabelgewächse *(Geraniaceae)*
Herkunft: Kaukasus; Kreuzung aus G. *ibericum* und G. *platypetalum*
Höhe: 40–60 cm
Wuchs: Ausdauernd, Horst bildend, aufrecht buschig, mit handförmig fiederteiligen Blättern.
Vorkommen, Verwendung: Zierpflanze für naturnahe Beete, Staudenrabatten, vor Gehölzen in Gruppen auf humosem, mäßig nährstoffhaltigem, frischem Boden in sonniger bis halbschattiger Lage. Vermehrung durch Teilung.
Blüten: ❀ in einem scheindoldigen Gesamtblütenstand, schalenförmig, violett bis blau mit dunkleren Adern.

Pollenhöschenfarbe: gelb
In vielen Sorten; weitere Arten als Zier- und Wildpflanzen

Nektar						
Mär	Apr	Mai	Jun	Jul	Aug	Sep
			2 2	2 2		

Pollen						
Mär	Apr	Mai	Jun	Jul	Aug	Sep
			2 2	2 2		

Essigbaum
(Rhus typhina)

Hirschkolbensumach, Kolben-Sumach
Sumachgewächse *(Anacardiaceae)*
Herkunft: Nordamerika
Höhe: 3–8 m
Wuchs: Baum oder Strauch mit lockerer Krone, oft mehrstämmig, behaarten Trieben und großen gefiederten Blättern, Blättchen lang zugespitzt. Ausläufer treibend.
Vorkommen, Verwendung: Für Einzelstellung in Parks, zur Bepflanzung von Waldrändern, als Windschutzpflanzung; durchlässige, auch trockene Böden; sonnige Standorte.
Blüten: ✿ Zweihäusig; lange, pyramidenförmige, endständige Rispen; rötlich-grünlich.

Pollenhöschenfarbe: gelblich
Unter weiteren Arten: Scharlach-S. *(R. glabra)*

Nektar						
Mär	Apr	Mai	Jun	Jul	Aug	Sep
			3 3	3 3		

Pollen						
Mär	Apr	Mai	Jun	Jul	Aug	Sep
			3 3	3 3		

Gewöhnlicher Trompeten-baum (Catalpa bignonioides)

Trompetenbaumgewächse *(Bignoniaceae)*
Herkunft: Nordamerika
Höhe: 5–15 m
Wuchs: Baum mit kurzem Stamm, breiter, gewölbter Krone und großen herzförmigen Blättern.
Vorkommen, Verwendung: Für Einzelstellung in Parks und großen Gärten, mittlere, nicht zu trockene Böden und sonnige, windgeschützte Standorte. Verträgt Stadtklima.
Blüten: ✿ in großen Rispen, trompetenförmig, weiß mit gelbgestreiftem und purpurgetupftem Schlund.
Pollenhöschenfarbe: gelblich

In Sorten; unter weiteren Arten: Hybrid-T. *(C. erubescens);* Prächtiger T. *(C. speciosa)*

Nektar						
Mär	Apr	Mai	Jun	Jul	Aug	Sep
			3	3 3		

Pollen						
Mär	Apr	Mai	Jun	Jul	Aug	Sep
			2	2 2		

Rainfarnblättriges Büschelschön *(Phacelia tanacetifolia)* ☉

Büschelkraut, Phacelia
Wasserblattgewächse *(Hydrophyllaceae)*
Herkunft: Kalifornien, Mexiko
Höhe: 50–100 cm
Wuchs: Einjährig. mit gefiederten Blättern und fiederschnittigen Blättchen.
Vorkommen, Verwendung: Futter-, Gründüngungs- und Zierpflanze. Frische lehmige Sandböden, Sonne. Tagneutral, daher Aussaat jederzeit bis Ende August, als Zwischenfrucht ab Mitte Juli, auch in Gemischen.
Blüten: ❀ am Ende der Stängel in einseitswendigen, ährigen Wickeln, blau bis violett, blüht 4–6 Wochen.

Pollenhöschenfarbe: dunkelgraublau
Unter weiteren Arten: Glockenblumen-B. *(P. campanularia)*; Großblütiges B. *(P. grandiflora)*

Nektar						
Mär	Apr	Mai	Jun	Jul	Aug	Sep
			4 4	4 4	4 4	4 4

Pollen						
Mär	Apr	Mai	Jun	Jul	Aug	Sep
			3 3	3 3	3 3	3 3

Sal-Weide *(Salix caprea)* 🜨🜨

Palm-Weide
Weidengewächse *(Salicaceae)*
Herkunft: Europa, Asien
Höhe: 7–10 m
Wuchs: Strauch oder Baum mit steifen Trieben und elliptischen Blättern.

Vorkommen, Verwendung: Waldränder, Kahlschläge, Steinbrüche. Besonders männliche Pflanzen für Gärten und Parks einzeln, in Gruppen oder als Hecke, in der Landschaft für Schutzstreifen. Liebt frische, lehmige Böden und Sonne bis Halbschatten. Rückschnitt begünstigt Blühfreudigkeit.
Blüte: ❀ vor Blattaustrieb in eiförmigen Kätzchen, zweihäusig, männl. gelb, weibl. grünlich.
Pollenhöschenfarbe: gelb

Unter weiteren Arten: Grau-W. *(S. cinerea)*; Spitzblättrige W. *(S. acutifolia)*; Korb-W. *(S. viminalis)*; Kübler-W. *(S. x smithiana)*; Ohr-W. *(S. aurita)*; Persische W. *(S. aegyptiaca)*; Purpur-W. *(S. purpurea)*; Reif-W. *(S. daphnoides)*; Schwarzwerdende W. *(S. myrsinifolia)*

Nektar						
Mär	Apr	Mai	Jun	Jul	Aug	Sep
4	4 4					

Pollen						
Mär	Apr	Mai	Jun	Jul	Aug	Sep
4	4 4					

H

Silber-Weide
(Salix alba)   ♄♄

Weidengewächse *(Salicaceae)*
Herkunft: Europa
Höhe: 8–20 m
Wuchs: Baum oder Strauch mit oft
schiefem Stamm, rundlicher Krone und
lanzettlichen Blättern.
Vorkommen, Verwendung: Ufergebüsche,
Auwälder. Zur Uferbefestigung, auch als Park-
baum, für kalkhaltige Böden.
Blüte: ✳ mit Blattaustrieb, zweihäusig. Männ-
liche Blüten in langen gelblichen, weibliche in
grünlichen Kätzchen.
Pollenhöschenfarbe: gelb
Unter weiteren Arten: Goldene Trauer-W.

(S. x chrysocoma); Trauer-W. *(S. babylonica);*
Bruch-W. *(S. fragilis)*

Nektar l						
Mär	Apr	Mai	Jun	Jul	Aug	Sep
	3 3	3 3				

Pollen						
Mär	Apr	Mai	Jun	Jul	Aug	Sep
	3 3	3 3				

H

Blut-Weiderich
(Lythrum salicaria)   4

Ähren-Weiderich
Weiderichgewächse *(Lythraceae)*
Herkunft: Europa, Westasien, Nordafrika
Höhe: 50–200 cm
Wuchs: Ausdauernd, mit aufrechtem Stängel
und lanzettlichen, am Grunde abgerundeten
Blättern.
Vorkommen, Verwendung: Ufer, Gräben,
Sumpfwiesen. Zier- und alte Heilpflanze für
Teichränder und den Hintergrund von Rabatten
in Gruppen auf humosem, feuchtem Boden mit
mittlerem Nährstoffgehalt. Vermehrung durch
Teilen oder Aussaat, auch Selbstaussaat.
Blüten: ✳ Blattachsel- und endständig in ähri-

gen Scheinquirlen, purpurviolett, rosa oder rot.
Blüte erzeugt Pollen in zweierlei Farben.
Pollenhöschenfarbe: grün und gelb
Mehrere Sorten; unter weiteren Arten:
Ruten-W. *(L. virgatum);* Ysopblättriger W.
(L. hyssopifolia)

Nektar						
Mär	Apr	Mai	Jun	Jul	Aug	Sep
			3	3 3	3 3	3

Pollen						
Mär	Apr	Mai	Jun	Jul	Aug	Sep
			2	2 2	2 2	2

Gewöhnliche Jungfernrebe
(Parthenocissus quinquefolia) ♄

Wilder Wein
Weinrebengewächse *(Vitaceae)*
Herkunft: Nordamerika
Höhe: 8–15 m
Wuchs: Kletterstrauch mit 3–7-zählig gefinger-
ten, gezähnten Blättern.
Vorkommen, Verwendung: Teils verwildert.
Für Pergolen, Spaliere, Zäune, Wände. Tief-
gründige, frische Böden; Sonne bis Schatten
Blüten: ✿ in unregelmäßig verzweigten Trug-
dolden, gelbgrün.
Pollenhöschenfarbe: grünlich gelb
Unter weiteren Arten: Dreispitzige J.
(P. tricuspidata) in Sorten

Nektar														
Mär	Apr	Mai	Jun	Jul	Aug	Sep	Mär	Apr	Mai	Jun	Jul	Aug	Sep
				3 3	3 3		**H**				3 3	3 3	

Kultur-Weinrebe
(Vitis vinifera subsp. vinifera) ♄

Weinrebengewächse *(Vitaceae)*
Herkunft: Südeuropa
Höhe: 5–20 m
Wuchs: Kletterstrauch mit 3–5-lappigen,
gezähnten Blättern.
Vorkommen, Verwendung: Wildform
besiedelt Auenwälder in klimatisch
günstigen Gegenden. Seit etwa 5000
Jahren in Kultur. In Gärten für Spaliere,
Wände und Weinlauben. Kalkhaltige,
humose Lehmböden, sonnige Lagen.
Blüten: ✿ zahlreich in dichten, reich ver-
zweigten Rispen , gelbgrün.
Pollenhöschenfarbe: grünlich gelb

Wildform: Wilde W. *(V. v. subsp. sylvestris)*

Nektar							Pollen						
Mär	Apr	Mai	Jun	Jul	Aug	Sep	Mär	Apr	Mai	Jun	Jul	Aug	Sep
			2 2	2						2 2	2		

Acker-Winde
(Convolvulus arvensis)   4

Windengewächse (Convolvulaceae)
Herkunft: Mittelmeergebiet, jetzt nördliche
Hemisphäre
Höhe: 20–100 cm
Wuchs: Ausdauernd, mit kriechendem oder
linkswindendem Stängel und pfeil- bis spieß-
förmigen Blättern.
Vorkommen, Verwendung: Äcker, Ödland,
Brachen, Schuttplätze, Gärten, Weinberge.
Alte Heilpflanze; liebt nährstoffreichen Lehm-
boden.
Blüten: ✿ einzeln in den Achseln der mittleren
und oberen Blätter, weit-trichterförmig, weiß.
Pollenhöschenfarbe: weiß

Als Zierpflanze: Dreifarbige W. (C. tricolor)
Ähnlich: Zaun-Winde (Calystegia sepium)

Nektar						
Mär	Apr	Mai	Jun	Jul	Aug	Sep
			2 2	2 2	2 2	2

Pollen						
Mär	Apr	Mai	Jun	Jul	Aug	Sep
			2 2	2 2	2 2	2

Herbst-Zeitlose
(Colchicum autumnale)   4

Zeitlosengewächse (Colchicaceae)
Herkunft: Europa
Höhe: 10–30 cm
Wuchs: Ausdauernd, mit tulpenähnlich
lanzettlichen Blättern, die erst im auf die
Blüte folgenden Frühjahr erscheinen.
Vorkommen, Verwendung: Feuchte Wiesen,
Auen. Zierpflanze für Steingärten und Rasen-
flächen auf humosem, sandig-lehmigem, fri-
schem bis feuchtem Boden an sonnigem Stand-
ort. Rasenmahd erst nach Vergilben der Blätter.
Vermehrung durch Auspflanzen der Knollen.
Blüten: ✳ meist einzeln, direkt aus dem Boden
kommend, becherförmig, rosa, violett, rosarot
oder weiß. Fruchtknoten bleibt bis zum Früh-
jahr in der Blütenröhre unter der Erde.
Pollenhöschenfarbe: orange
In Sorten; unter weiteren Arten: Kaukasische
H. (C. speciosum); Byzantinische H.
(C. byzantinum

Nektar						
Mär	Apr	Mai	Jun	Jul	Aug	Sep
					2 2	2 2

Pollen						
Mär	Apr	Mai	Jun	Jul	Aug	Sep
					2 2	2 2

Service

Tabelle 1:   Nektarerzeugung von Bienenweidepflanzen (nach verschiedenen Autoren)

Name deutsch Krautartige Pflanzen	botanisch	Zuckergehalt des Nektars %	Honig kg/ha
Balsamine	Impatiens glandulifera	–	200–700
Beinwell	Symphytum officinalis	–	35–100
Bohnenkraut	Satureja	85	300
Borretsch	Borago officinale	19–52	59–211
Braunwurz, Knotige	Scrophularia nodosa	–	600–900
Buchweizen	Fagopyrum esculentum	7–45	90–490
Büschelschön	Phacelia tanacetifolia	22–43	214–496
Buschmalve	Lavatera	12–18	57–170
Dost	Origanum vulgare	30–76	500–900
Drachenkopf	Dracocephalum	36–42	129–650
Duftnessel	Agastache spec.	–	400–900
Ehrenpreis, Ähriger	Veronica spicata	40	–
Eibisch	Alcea officinalis	44	97
Engelwurz	Angelica	–	150–300
Erdbeere	Fragaria ananassa	45	–
Erdbeere, Wald-	Fragaria vesca	26–31	–
Esparsette	Onobrychis viciifolia	26–52	75–200
Färberwaid	Isatis tinctoria	–	60–80
Fingerhut, Roter	Digitalis purpurea	–	180–200
Flockenblume, Berg-	Centaurea montana	–	200–400
Flockenblume, Gewöhnliche	Centaurea jacea	45	154–200
Gamander	Teucrium	61	700
Glockenblume, Marien-	Campanula medium	–	150–400
Goldnessel, Echte	Lamium galeobdolon	34	12–20
Goldrute, Kanadische	Solidago canadensis	–	600–900
Goldrute, Späte	Solidago gigantea	38	179–800
Gurke	Cucumis sativa	–	2–3
Himmelsleiter	Polemonium caeruleum	–	50–150
Hederich	Raphanus raphanistrum	45–71	24–56
Herbstlöwenzahn	Leontodon	7–45	–
Hornklee	Lotus corniculatus	13–66	16–60
Hundszunge	Cynoglossum	36–65	120–160
Karde, Wilde	Dipsacus fullonum	–	200–400
Klee, Bastard-	Trifolium hybridum	43	44–120
Klee, Inkarnat-	Trifolium incarnatum	31–60	60–140
Klee, Rot-	Trifolium pratense	17–70	20–150
Klee, Weiß-	Trifolium repens	25–64	92–100
Kohlarten	Brassica spec.	56	–
Kohlrabi	Brassica oleracea gongylodes	31	123–171
Kornblume	Centaurea cyanus	31–60	350–600
Kürbis	Cucurbita pepo	16–65	30–50

Name deutsch	botanisch	Zuckergehalt des Nektars %	Honig kg/ha
Kugeldistel	*Echinops*	–	300–900
Lein	*Linum usitatissimum*	26–49	2–12
Liebstöckel	*Levisticum officinale*	–	300–500
Herzgespann, Echtes	*Leonurus cardiaca*	–	300–500
Löwenzahn	*Taraxacum officinale*	43–55	20
Lupine	*Lupinus angustifolius*	–	9–26
Lupine, Gelbe	*Lupinus luteus*	–	26
Luzerne	*Medicago sativa*	17–60	35–160
Katzenminze, Kahle	*Nepeta nuda*	–	600–900
Katzenminze, Gewöhnliche	*Nepeta cataria*	–	100–200
Koriander	*Coriandrum sativum*	–	100–150
Malve, Wilde	*Malva sylvestris*	45	26–160
Mannstreu, Flachblättriger	*Eryngium planum*	40–60	250–800
Melisse, Zitronen-	*Melissa officinalis*	–	50–100
Minze, Bergamot-	*Mentha piperita*	–	100–200
Minze, Ross-	*Mentha longifolia*	–	400–900
Natternkopf, Kretischer	*Echium creticum*	–	200–700
Natternkopf, Gewöhnlicher	*Echium vulgare*	17–43	182–429
Ochsenzunge, Gewöhnliche	*Anchusa officinalis*	40–58	170–500
Ölrauke	*Eruca sativa*	36–56	87–125
Radieschen	*Raphanus sativus*	31	–
Raps	*Brassica napus*	44–59	40–230
Rauke	*Sisymbrium polymorphum*	–	300–400
Resede	*Reseda*	–	80–300
Rübsen	*Brassica rapa*	16–52	32–60
Salbei, Quirlblättriger	*Salvia verticillata*	–	200–300
Salbei, Hain-	*Salvia nemorosa*	20–66	190–600
Schnittlauch	*Allium*	45–50	–
Seidenpflanze, Gewöhnliche	*Asclepias syriaca*	–	400–900
Seidenpflanze, Rote	*Asclepias incarnata*	–	200–500
Senf, Acker-	*Sinapis arvense*	17–73	17–38
Senf, Weißer	*Sinapis alba*	19–68	22–100
Sonnenblume	*Helianthus annuus*	50–80	35–50
Steinklee, Echter	*Melilotus officinalis*	35	100–300
Steinklee, Weißer	*Melilotus alba*	35–60	200–600
Stockrose	*Alcea*	20	116–261
Storchschnabel, Wiesen-	*Geranium pratense*	57–71	28–80
Strauchpappel, Thüringische	*Lavatera thuringiaca*	–	80–170
Taubnessel, Weiße	*Lamium album*	29–38	173–203
Taubnessel, Gefleckte	*Lamium maculatum*	56	95
Thymian, Feld-	*Thymus serpyllum* und *T. pulegioides*	–	48–161

Name deutsch	botanisch	Zuckergehalt des Nektars %	Honig kg/ha
Thymian, Garten-	*Thymus vulgaris*	27–45	125–200
Weidenröschen, Schmalblättriges	*Epilobium angustifolium*	44–63	140–240
Weiderich	*Lythrum spec.*	52–72	200–265
Winterling	*Eranthis hyemalis*	26	–
Witwenblume	*Knautia*	20	270
Zwiebel, Speise-	*Allium cepa*	50–70	35–200
Gehölze			
Ahorn, Berg-	*Acer pseudoplatanus*	37–46	50–550
Ahorn, Feld-	*Acer campestre*	41	50–200
Ahorn, Tataren-	*Acer tataricum*	–	40–80
Ahorn, Spitz-	*Acer platanoides*	30–50	100–420
Alpenrose	*Rhododendron*	24–30	–
Apfel	*Malus domestica*	30–87	10–20
Birne	*Pyrus communis*	14–48	–
Blasenstrauch	*Colutea arborescens*	–	50–100
Bocksdorn	*Lycium halimifolium*	–	20
Brombeere	*Rubus spec.*	49	15–26
Buschmalve	*Lavatera*	12–18	57–170
Eberesche	*Sorbus aucuparia*	25	20
Efeu	*Hedera helix*	13–16	230–340
Erbsenstrauch	*Caragana arborescens*	34	50–350
Faulbaum	*Frangula alnus*	15–58	35–80
Götterbaum	*Ailanthus altissima*	–	40–300
Heckenkirsche, Rote	*Lonicera xylosteum*	38–46	26–120
Heide, Besen-	*Calluna vulgaris*	20–47	2–120
Heidelbeere	*Vaccinium*	20–61	30–130
Himbeere	*Rubus idaeus*	21–70	39–122
Hopfenstrauch	*Ptelea trifoliata*	–	20–50
Japanischer Schnurbaum	*Sophora japonica*	39–48	50–300
Johannisbeere, Rote	*Ribes rubrum*	16–32	–
Johannisbeere, Schwarze	*Ribes nigrum*	9–26	29–70
Jungfernrebe	*Parthenocissus tricuspidata*	29–67	188–300
Kirsche, Trauben	*Prunus serotina*	–	20–30
Kirsche, Vogel-	*Prunus avium*	40	–
Korkbaum, Amur-	*Phellodendron amurense*	–	110–200
Lederhülsenbaum	*Gleditsia*	–	85–250
Lavendel, Echter	*Lavandula angustifolia*	21–48	200–300
Liguster	*Ligustrum vulgare*	34–40	20
Linde	*Tilia spec.*	26–47	150–600
Linde, Japanische	*Tilia japonica*	–	50–280
Ölweide	*Elaeagnus angustifolia*	33	20–100

Name deutsch	botanisch	Zuckergehalt des Nektars %	Honig kg/ha
Pfirsich	*Prunus persica*	12–42	–
Pflaume und Zwetschge	*Prunus spec.*	19–35	10–30
Preiselbeere	*Vaccinium*	1–12	–
Raute, Wein-	*Ruta graveolenss*	–	80–450
Robinie	*Robinia pseudoacacia*	34–67	50–1000
Rosskastanie, Rote	*Aesculus x carnea*	43	50–120
Rosskastanie, Weiße	*Aesculus hippocastanum*	40–76	50–383
Salbei, Echter	*Salvia officinalis*	20–60	200–350
Scheinquitte, Japanische	*Chaenomeles japonica*	49	306
Schlehe	*Prunus spinosa*	–	25–40
Schneebeere	*Symphoricarpos albus*	20–60	80–400
Seidelbast	*Daphne mezereum*	20–30	–
Stachelbeere	*Ribes uva–crispa*	16–82	20–30
Thymian, Echter	*Thymus vulgaris*	25–50	100–200
Ulme	*Ulmus foliacea*	–	10
Unform	*Amorpha fruticosa*	–	50–80
Weide	*Salix spec.*	12–60	25–150
Weide, Hybrid-, Korb- u. Ägyptische	*S. sepulcralis, viminalis, aegyptiaca*	53–78	–
Weide, Kübler-	*Salix daphnoides*	48–63	–
Weide, Sal-	*Salix caprea*	66–79	–
Weißdorn	*Crataegus spec.*	–	15–200
Ysop	*Hyssopus officinalis*	–	200–400
Zwergmispel, Glänzende	*Cotoneaster lucidus*	–	80–340

Tabelle 2: Ergebnisse verschiedener Autoren aus Isolierversuchen mit Gazekäfigen

Nutzpflanzenart		Ergebnisse in Prozent			
Krautartige Pflanzen Name deutsch	botanisch	Ausschluss aller Insekten	Ausschluss von Honigbienen, aber Zugang für kleinere Insekten	Unter Käfigen mit Honigbienen	frei abgeblüht
Ackerbohne	*Vicia faba*	22–67	–	–	100
		23–100	74–81	100	137
Buchweizen	*Fagopyrum esculentum*	0	–	–	100
		27	24–53	100	144
Büschelschön	*Phacelia tanacetifolia*	–	12–62	100	119
Erdbeere	*Fragaria ananassa*	60	–	–	100
Esparsette	*Onobrychis viciifolia*	0	–	–	100
		0	0–14	100	219
Hornklee	*Lotus corniculatus*	–	0–27	100	380

Nutzpflanzenart		Ergebnisse in Prozent			
Name deutsch	botanisch	Ausschluss aller Insekten	Ausschluss von Honigbienen, aber Zugang für kleinere Insekten	Unter Käfigen mit Honigbienen	frei abgeblüht
Klee, Bastard-	Trifolium hybridum	0–13 0	– 0–8	– 100	100 135
Klee, Inkarnat-	Trifolium incarnatum	10–33 25–29	– 3–14	– 100	100 100
Klee, Rot-	Trifolium pratense	0 0–1	– 1–34	– 100	100 172
Klee, Weiß-	Trifolium repens	0–9 –	– 9–19	– 100	100 79
Luzerne	Medicago sativa	0–29 1–81	– 0–68	– 100	100 178
Möhre	Daucus carota	0–1	2–33	100	73
Mohn, Schlaf-	Papaver somniferum	50–95	–	–	100
Raps	Brassica napus	69–72 56–84	– 36–72	– 100	100 114
Rübsen	Brassica rapa	0 31	– 66	– 100	100 157
Senf, Weißer	Sinapis alba	59 29–43	– 51–75	– 100	100 127
Serradella	Ornithopus sativus	10 –	– 15–71	– 100	100 645
Sonnenblume	Helianthus annuus	0–32 26–47	– 70–86	– 100	100 95
Steinklee, Weißer	Melilotus alba	22 10	– 0–6	– 100	100 350
Wicke, Winter-	Vicia villosa	0–37 0–4	30 3–40	– 100	100 103
Gehölze					
Apfel	Malus domestica	0–29 2–73	– –	– 100	100 111
Birne	Pyrus communis	0–18	–	–	100
Johannisbeere, Garten-	Ribes spec.	13–56	–	–	100
Johannesbeere, Schwarze	Ribes nigrum	6–40	–	–	100
Pfirsich	Prunus persica	50	–	–	100
Pflaumen	Prunus domestica	11–25	–	–	100
Stachelbeere	Ribes uva–crispa	4–41	–	–	100

Tabelle 3: Honigtauerzeuger

Die in unserem Klimagebiet wichtigen Honigtauerzeuger können nach folgender Übersicht eingeordnet werden:

Klasse	**Insecta (Insekten)**		
Überordnung	*Hemipteroida* oder *Rhynchota* (Schnabelkerfe)	Gattungen	*Lachnus* *Stomaphis*
Ordnung	*Homoptera* (Pflanzensauger)	Familie	*Pemphigidae* (Blasenläuse)
Unterordnung	*Auchenorrhyncha* (Zikaden)	Gattungen	*Eriosoma* *Prociphilus*
Unterordnung	*Sternorrhyncha* (Pflanzenläuse)	Familie	*Thelaxidae* (Maskenläuse)
Gruppe	*Aleyrodina* (Mottenschildläuse)	Gattungen	*Glyphina* *Thelaxes*
Gruppe	*Psyllina* (Blattflöhe)	Familie	*Callaphididae* (Zierläuse)
Familie	*Psyllidae*	Gattungen	*Drepanosiphum* *Symydobius*
Gattung	*Psylla*		*Clethrobius*
Gruppe	*Coccina* (Schildläuse)		*Euceraphis*
Familie	*Pseudococcidae* (Schmierläuse)		*Phyllaphis* *Callipterinella*
Gattungen	*Phenacoccus* *Paroudablis* *Eriococcus*		*Betulaphis* *Callaphis* *Eucallipterus*
Familie	*Kermidae* (Karmesinschildläuse)		*Myzocallis* *Tuberculoides*
Gattung	*Kermes*	Familie	*Chaitophoridae* (Borstenläuse)
Familie	*Lecanidae* (Napfschildläuse)	Gattungen	*Periphyllus* *Chaitophorus*
Gattungen	*Eulecanium* *Pulvinaria* *Physokermes*	Familie	*Aphididae* (Röhrenläuse)
Gruppe	*Aphidina* (Blattläuse)	Gattungen	*Pterocomma* *Hyalopterus*
Familie	*Lachnidae* (Baum- oder Rindenläuse)		*Aphis* *Brachycaudus*
Gattungen	*Cinara* *Schizolachnus* *Eulachnus* *Tuberolachnus*		*Myzus*

Tabelle 4:   Bienenweide-Fließband Krautartige Pflanzen

Krautartige Pflanzen
deutsch (botanisch)

1 Winterling *(Eranthis)*; Schwarze Nieswurz *(Helleborus niger)*;
2 Schneeglöckchen *(Galanthus)*; Märzbecher *(Leucojum)*; Safran *(Crocus)*
3 Huflattich *(Tussilago farfara)*
4 Frühlings-Lichtblume *(Bulbodocium vernum)*
5 Pestwurz *(Petasites)*
6 Kuhschelle *(Pulsatilla)*; Blaustern *(Scilla)*
7 Lungenkraut *(Pulmonaria)*; Goldstern *(Gagea)*
8 Schlüsselblumen *(Primula)*; Sternhyazinthe *(Chionodoxa)*
9 Gänsekresse *(Arabis)*; Sumpfdotterblume *(Caltha palustris)*
10 Windröschen *(Anemone)*; Leberblümchen *(Hepatica)*
11 Fingerkraut *(Potentilla)*
12 Veilchen u. Stiefmütterchen *(Viola)*
13 Vogel-Sternmiere *(Stellaria)*
14 Lerchensporn *(Corydalis)*
15 Kaiserkrone *(Fritillaria)*; Golderdbeere *(Waldsteinia)*; Scharbockskraut *(Ranunculus ficaria)*
16 Blaukissen *(Aubrieta)*; Schuppenwurz *(Lathraea)*
17 Adonisröschen *(Adonis vernalis)*; Schildblatt *(Darmera)*
18 Hasenglöckchen *(Hyacinthoides)*; Narzisse *(Narcissus)*
19 Löwenzahn *(Taraxacum officinale)*
20 Steinkraut *(Alyssum)*
21 Wiesenschaumkraut *(Cardamine)*; Kissen-Flammenblume *(Phlox subulata)*
22 Kerbel *(Anthriscus)*; Kreuzblümchen *(Polygala)*; Frühjahrs-Astern *(Aster)*
23 Mondviole *(Lunaria)*; Nelkenwurz *(Geum)*; Hornkraut *(Cerastium)*
24 Falsche Alraunenwurzel *(Tellima)*
25 Taubnessel, Goldnessel *(Lamium)*
26 Hahnenfuß *(Ranunculus)*
27 Winterrübsen *(Brassica rapa)*
28 Traubenhyazinthe *(Muscari)*; Gartenhyazinthe *(Hyacinthus)*; Milchstern *(Ornithogalum)*
29 Trollblume *(Trollius)*
30 Bergenie *(Bergenia)*; Goldlack *(Erysimum)*
31 Günsel *(Ajuga)*; Gedenkemein *(Omphalodes)*; Gundermann *(Glechoma)*
32 Gemswurz *(Doronicum)*
33 Ehrenpreis *(Veronica)*
34 Winterraps *(Brassica napus)*
35 Kohlrübe, Kohlrabi, Gemüsekohl, Sommerrübsen *(Brassica napus, B. oleracea, B. rapa)*
36 Sommerraps *(Brassica napus)*
37 Inkarnatklee *(Trifolium incarnatum)*
38 Steinsame *(Lithospermum)*; Fieberklee *(Menyanthes)*
39 Wiesen-Kümmel *(Carum carvi)*; Japanische Petersilie *(Cryptotaenia)*
40 Süßdolde *(Myrrhis)*; Salomonssiegel *(Polygonatum)*; Steinbrech *(Saxifraga)*

Nektar – Blütezeit und Wertzahl							Honigtau	Pollen – Blütezeit und Wertzahl						
März	**April**	**Mai**	**Juni**	**Juli**	**Aug**	**Sept**		**März**	**April**	**Mai**	**Juni**	**Juli**	**Aug**	**Sept**
2	2	2						3	3	3				
2	2	2						2	2	2				
2	2	2	2					3	3	3	3			
2	2	2	2					1	1	1	1			
	3	3	3					3	3	3				
	2	2	2					3	3	3				
	2	2	2					2	2	2				
	2	2	2					1	1	1				
	3	3	3	3				2	2	2	2			
	0	0	0	0	0			2	2	2	2	2		
1 1	1 1	1 1	1 1	1 1				2 2	2 2	2 2	2 2	2 2		
1 1	1 1	1 1	1 1	1 1				1 1	1 1	1 1	1 1	1 1		
2 2	2 2	2 2	2 2	2 2	2 2			1 1	1 1	1 1	1 1	1 1	1 1	
1 1	1 1	1 1	1 1	1 1	1 1			3 3	3 3	3 3	3 3	3 3	3 3	3 3
	2	2	2	2					2	2	2	2		
	2	2	2	2					2	2	2	2		
	1	1	1	1					3	3	3	3		
	1	1	1	1					2	2	2	2		
	3	3	3	3	3				4	4	4	4	4	
	3	3	3	3	3				1	1	1	1	1	
	2	2	2	2	2				2	2	2	2	2	
	2	2	2	2	2	2			2	2	2	2	2	2
	1	1	1	1	1	1			1	1	1	1	1	1
	1	1	1	1	1	1			1	1	1	1	1	1
	2 2	2 2	2 2	2 2					1 1	1 1	1 1	1 1	1 1	
	1 1	1 1	1 1	1 1	1 1				1 1	1 1	1 1	1 1	1 1	1 1
	2	2							2	2				
	2	2	2						2	2	2			
	2	2	2	2					3	3	3	3		
	2	2	2	2					2	2	2	2		
	2	2	2	2					1	1	1	1		
	1	1	1	1					2	2	2	2		
	2 2	2 2	2 2	2 2	2 2				2 2	2 2	2 2	2 2	2 2	2 2
		4	4							4	4			
		2	2							2	2			
		4	4	4						4	4	4		
		3	3	3	3					3	3	3	3	
		2	2	2	2					2	2	2	2	
		1	1	1	1					1	1	1	1	
		1	1	1	1					1	1	1	1	

Krautartige Pflanzen
deutsch (botanisch)

41 Himmelsleiter *(Polemonium)*
42 Ölrauke *(Eruca sativa)*; Meerkohl *(Crambe)*; Bocksbart *(Tragopogon)*
43 Goldkörbchen *(Chrysogonum)*; Färber-Waid *(Isatis tinctoria)*
44 Klappertopf *(Rhinanthus)*
45 Purpurglöckchen *(Heuchera)*; Schaumglöckchen *(Heucherella)*
46 Bischofskappe *(Tiarella)*
47 Wiesen-Knöterich *(Bistorta)*; Wachsblume *(Cerinthe)*
48 Wiesenraute *(Thalictrum)*; Ampfer *(Rumex)*
49 Vergißmeinnicht *(Myosotis)*; Spornblume *(Centranthus)*
50 Leimkraut *(Silene)*; Witwenblume *(Knautia)*; Taglilie *(Hemerocallis)*; Rauke *(Sisymbrium)*
51 Habichtskraut *(Hieracium)*; Teufelskralle *(Phyteuma)*; Pippau *(Crepis)*
52 Schöllkraut *(Chelidonium majus)*
53 Wegerich *(Plantago)*
54 Hundszunge *(Cynoglossum)*
55 Esparsette *(Onobrychis viciifolia)*
56 Lichtnelke *(Lychnis)*; Wundklee *(Anthyllis vulneraria)*
57 Zottelwicke *(Vicia villosa)*; Ölrettich, Radieschen *(Raphanus sativus)*
58 Weißer Diptam *(Dictamnus albus)*
59 Akelei *(Aquilegia)*
60 Mohn *(Papaver)*; Mädesüß *(Filipendula)*
61 Lauch, Küchenzwiebel *(Allium)*
62 Beinwell *(Symphytum)*; Zitronenmelisse *(Melissa officinalis)*
63 Pelargonie *(Pelargonium)*
64 Weiß-Klee *(Trifolium repens)*; Schweden-Klee *(Trifolium hybridum)*
65 Salbei *(Salvia)*; Hornklee *(Lotus corniculatus)*
66 Glockenblume *(Campanula)*
67 Hopfenklee *(Medicago lupulina)*; Hufeisenklee *(Hippocrepis comosa)*
68 Storchschnabel *(Geranium)*; Erdrauch *(Fumaria)*
69 Korn- und Flockenblume *(Centaurea)*
70 Ochsenzunge *(Anchusa)*
71 Weißer Senf *(Sinapis alba)* bei Frühjahrssaat
72 Schwarzkümmel *(Nigella)*; Hederich *(Raphanus raphanistrum)*
73 Ackersenf *(Sinapis arvensis)*; Steppenkerze *(Eremurus)*
74 Lupine *(Lupinus)*; Geißbart *(Aruncus)*
75 Erdbeere *(Fragaria)*; Reiherschnabel *(Erodium)*; Wolfsmilch *(Euphorbia)*
76 Rhabarber *(Rheum)*
77 Schaublatt *(Rodgersia)*
78 Rittersporn *(Delphinium)*; Tollkirsche *(Atropa bella-donna)*
79 Weiderich *(Lythrum)*; Gurke *(Cucumis)*;Weidenröschen *(Epilobium)*
80 Wicke *(Vicia)*; Katzenminze *(Nepeta)*; Tragant *(Astragalus)*
81 Sommerwurz *(Orobanche)*; Hauswurz *(Sempervivum)*

Nektar — Blütezeit und Wertzahl: März	April	Mai	Juni	Juli	Aug	Sept	Honigtau	Pollen — Blütezeit und Wertzahl: März	April	Mai	Juni	Juli	Aug	Sept
		3 3	3 3	3 3						3 3	3 3	3 3		
		2 2	2 2	2 2						2 2	2 2	2 2		
		2 2	2 2	2 2						2 2	2 2	2 2		
		2 2	2 2	2 2						0 0	0 0	0 0		
		1 1	1 1	1 1						1 1	1 1	1 1		
		1 1	1 1	1 1						1 1	1 1	1 1		
		3 3	3 3	3 3	3					2 2	2 2	2 2	2	
		0 0	0 0	0 0	0					2 2	2 2	2 2	2	
		2 2	2 2	2 2	2 2					1 1	1 1	1 1	1 1	
		1 1	1 1	1 1	1 1					1 1	1 1	1 1	1 1	
		2 2	2 2	2 2	2 2	2				2 2	2 2	2 2	2 2	2
		0 0	0 0	0 0	0 0	0				2 2	2 2	2 2	2 2	2
		0 0	0 0	0 0	0 0	0 0				3 3	3 3	3 3	3 3	3 3
		3 3	3							1 1	1			
		4 4	4 4	4						4 4	4 4	4		
		2 2	2							2 2	2			
		3 3	3 3							2 2	2 2			
		3 3	3 3							2 2	2 2			
		2 2	2 2							3 3	3 3			
		0 0	0 0	0						3 3	3 3	3		
		3 3	3 3	3						2 2	2 2	2		
		2 2	2 2	2 2						1 1	1 1	1 1		
		1 1	1 1	1 1						2 2	2 2	2		
		4 4	4 4	4 4	4					3 3	3 3	3 3	3	
		3 3	3 3	3 3	3					1 1	1 1	1 1	1	
		2 2	2 2	2 2	2					2 2	2 2	2 2	2	
		2 2	2 2	2 2	2					2 2	2 2	2 2	2	
		2 2	2 2	2 2	2					2 2	2 2	2 2	2	
		3 3	3 3	3 3	3 3					2 2	2 2	2 2	2 2	
		3 3	3 3	3 3	3 3					1 1	1 1	1 1	1 1	
		3 3								3 3				
		3 3	3 3							2 2	2 2			
		2 2	2 2							2 2	2 2			
		1 1	1 1							2 2	2 2			
		1 1	1 1							1 1	1 1			
		0 0	0 0							1 1	1 1			
		3 3	3 3	3						3 3	3 3	3		
		2 2	2 2	2						1 1	1 1	1		
		3 3	3 3	3 3						2 2	2 2	2 2		
		3 3	3 3	3 3						1 1	1 1	1 1		
		2 2	2 2	2 2						1 1	1 1	1 1		

Krautartige Pflanzen
deutsch (botanisch)

82 Acker-Rittersporn *(Consolida regalis)*

83 Geißraute *(Galega)*; Gummikraut *(Grindelia)*; Schleierkraut *(Gypsophila)*; Wein-Raute *(Ruta)*

84 Serradella *(Ornithopus)*; Feld-Klee *(Trifolium campestre)*; Wohlverleih *(Arnica)*

85 Baldriangesicht *(Phuopsis)*

86 Borretsch *(Borago)*

87 Dreimasterblume *(Tradescantia)*; Feinstrahl, Berufkraut *(Erigeron)*

88 Acker- u. Zaun-Winde *(Convolvulus u. Calystegia)*; Wucherblume *(Xanthophthalmum)*

89 Büschelschön *(Phacelia)* [je nach Aussaatzeit 4–6 Wochen]

90 Fettblatt, Mauerpfeffer *(Sedum)*; Thymian-Stauden *(Thymus)*

91 Hainblume *(Nemophila)*; Sonnenwende *(Heliotropium)*

92 Mädchenauge *(Coreopsis)*; Gauklerblume *(Mimulus)*

93 Greiskraut *(Senecio)*; Gazanie *(Gazania-*Hybriden)*

94 Braunwurz *(Scrophularia)*; Zimbelkraut *(Cymbalaria)*; Zaunrübe *(Bryonia)*

95 Studentenblume *(Tagetes)*; Margerite *(Leucanthemum)*;

96 Schafgarbe *(Achillea)*; Sterndolde *(Astrantia)*; Nelke *(Dianthus)*

97 Hauhechel *(Ononis)*; Leberbalsam *(Ageratum)*; Zistrose *(Cistus)*

98 Graukresse *(Berteroa)*; Sonnenröschen *(Helianthemum)*

99 Labkraut *(Galium)*; Begonie *(Begonia)*

100 Pfingstrose *(Paeonia)*

101 Lein *(Linum usitatissimum)*; Petersilie *(Petroselinum)*

102 Saflor *(Carthamus)*; Haargurke *(Sicyos angulatus)*

103 Ackerbohne *(Vicia faba)*; Giersch *(Aegopodium)*

104 Fenchel *(Foeniculum)*

105 Kratzdistel *(Cirsium)*; Berg-Klee *(Trifolium montanum)*

106 Andorn *(Marrubium)*; Blumenbinse *(Butomus)*

107 Fingerhut *(Digitalis)*; Baldrian *(Valeriana)*; Präriemalve *(Sidalcea)*

108 Duftsteinrich *(Lobularia)*; Klarkie *(Clarkia)*; Liebstöckel *(Levisticum)*

109 Nachtkerze *(Oenothera)*; Zinnie *(Zinnia)*

110 Steinklee *(Melilotus)*

111 Rot-Klee *(Trifolium pratense)*; Spargel *(Asparagus officinalis)*

112 Fackellilie *(Kniphofia)*; Lilie *(Lilium)*

113 Natternkopf *(Echium)*; Bärenklau *(Heracleum)*

114 Ringelblume *(Calendula)*; Dill *(Anethum)*; Möhre *(Daucus carota)*; Hundskamille *(Anthemis)*

115 Platterbse *(Lathyrus)*; Skabiose *(Scabiosa)*; Grasnelke *(Armeria)*

116 Kürbis, Zucchini *(Cucurbita)*; Basilienkraut *(Ocimum)*

117 Riesenmalve *(Kitaibelia)*; Malve *(Malva)*

118 Hartheu *(Hypericum)*; Goldmohn *(Eschscholzia)*; Hornmohn *(Glaucium)*; Mais *(Zea mays)*

119 Resede *(Reseda)*

120 Lobelie *(Lobelia)*; Wirbeldost *(Clinopodium)*; Leinkraut *(Linaria)*

121 Seide *(Cuscuta)*; Braunelle *(Prunella)*; Bibernelle *(Pimpinella)*

122 Edeldistel *(Eryngium)*; Kugeldistel *(Echinops)*; Engelwurz *(Angelica)*

123 Duftnessel *(Agastache)*

Nektar Blütezeit und Wertzahl							Honigtau	Pollen Blütezeit und Wertzahl						
März	April	Mai	Juni	Juli	Aug	Sept		März	April	Mai	Juni	Juli	Aug	Sept
			1 1	1 1	1 1						2 2	2 2	2 2	
			1 1	1 1	1 1						1 1	1 1	1 1	
			2 2	2 2	2 2						2 2	2 2	2 2	
			1 1	1 1	1 1						1 1	1 1	1 1	
			4 4	4 4	4 4	4					2 2	2 2	2 2	2
			2 2	2 2	2 2	2					2 2	2 2	2 2	2
			2 2	2 2	2 2	2					2 2	2 2	2 2	2
			4 4	4 4	4 4	4 4					3 3	3 3	3 3	3 3
			3 3	3 3	3 3	3 3					2 2	2 2	2 2	3 3
			3 3	3 3	3 3	3 3					1 1	1 1	1 1	1 1
			2 2	2 2	2 2	2 2					2 2	2 2	2 2	2 2
			2 2	2 2	2 2	2 2					2 2	2 2	2 2	2 2
			2 2	2 2	2 2	2 2					1 1	1 1	1 1	1 1
			2 2	2 2	2 2	2 2					1 1	1 1	1 1	1 1
			1 1	1 1	1 1	1 1					2 2	2 2	2 2	2 2
			1 1	1 1	1 1	1 1					2 2	2 2	2 2	2 2
			1 1	1 1	1 1	1 1					2 2	2 2	2 2	2 2
			1 1	1 1	1 1	1 1					1 1	1 1	1 1	1 1
			2	2 2							2	2 2		
			1	1 1							1	1 1		
			3	3 3	3						2	2 2	2	
			2	2 2	2						2	2 2	2	
			4	4 4	4 4						2	2 2	2 2	
			3	3 3	3 3						2	2 2	2 2	
			3	3 3	3 3						1	1 1	1 1	
			2	2 2	2 2						1	1 1	1 1	
			2	2 2	2 2						1	1 1	1 1	
			1	1 1	1 1						2	2 2	2 2	
			4 4	4 4	4 4	4					3 3	3 3	3 3	3
			3 3	3 3	3 3	3					3 3	3 3	3 3	3
			3 3	3 3	3 3	3					3 3	3 3	3 3	3
			3 3	3 3	3 3	3					2 2	2 2	2 2	2
			2 2	2 2	2 2	2					2 2	2 2	2 2	2
			2 2	2 2	2 2	2					1 1	1 1	1 1	1
			2 2	2 2	2 2	2					1 1	1 1	1 1	1
			2 2	2 2	2 2	2					1 1	1 1	1 1	1
			0 0	0 0	0 0	0					3 3	3 3	3 3	3
			2 2	2 2	2 2	2 2					3 3	3 3	3 3	3 3
			2 2	2 2	2 2	2 2					1 1	1 1	1 1	1 1
			2 2	2 2	2 2	2 2					1 1	1 1	1 1	1 1
				3 3	3 3							2 2	2 2	
				3 3	3 3							2 2	2 2	

Krautartige Pflanzen
deutsch (botanisch)

124 Alant *(Inula)*

125 Springkraut *(Impatiens)*; Funkie *(Hosta)*; Rindsauge *(Buphthalmum)*; Goldkolben *(Ligularia)*

126 Dickblume *(Pycnanthemum)*

127 Königskerze *(Verbascum)*

128 Jakobskraut *(Brachyglottis)*; Gilie *(Gilia)*

129 Ysop *(Hyssopus)*

130 Sonnenblume *(Helianthus annuus)*; Eselsdistel *(Onopordum)*; Mariendistel *(Silybum)*

131 Wegwarte, Zichorie *(Cichorium)*; Prachtspiere *(Astilbe)*; Sommer-Astern *(Aster)*

132 Igelgurke *(Echinocystis lobata)*

133 Luzerne *(Medicago sativa)*; Drachenkopf *(Dracocephalum)*

134 Stockrose *(Alcea)*; Buschmalve *(Lavatera)*; Lavendel *(Lavandula)*

135 Melisse *(Melissa)*; Pastinak *(Pastinaca)*; Teufelsabbiss *(Succisa)*

136 Buchweizen *(Fagopyrum)*

137 Sonnenbraut *(Helenium)*

138 Sonnenhut *(Rudbeckia)*

139 Flügelknöterich *(Fallopia)*; Dost und Majoran *(Origanum)*; Wasserdost *(Eupatorium)*

140 Ziest *(Stachys)*; Gamander *(Teucrium)*; Strandflieder *(Limonium)*

141 Scheinsonnenhut *(Echinacea)*; Wiesenknopf *(Sanguisorba)*; Mittagsblume *(Lampranthus)*

142 Rainfarn *(Tanacetum)*; Schmuckkörbchen *(Cosmos)*; Dahlie *(Dahlia)*; Ballonblume *(Platycodon)*

143 Odermennig *(Agrimonia)*; Eberwurz *(Carlina)*; Feuerbohne *(Phaseolus)*

144 Kapuzinerkresse *(Tropaeolum)*; Sauerklee *(Oxalis)*; Tabak *(Nicotiana)*

145 Kokardenblume *(Gaillardia)*; Flammenblume *(Phlox drummondii)*; Herbst-Löwenzahn *(Leontodo*

146 Minze *(Mentha)*; Herzgespann *(Leonurus)*; Zahntrost *(Odontites)*

147 Indianernessel *(Monarda)*; Gelenkblume *(Physostegia)*

148 Bohnenkraut *(Satureja)*; Eisenkraut *(Verbena)*; Schwalbenwurz *(Vincetoxicum)*

149 Bergminze *(Calamintha)*; Goldbaldrian *(Patrinia)*; Virginia-Malve *(Sida)*

150 Augentrost *(Euphrasia)*; Eisenhut *(Aconitum)*; Bartfaden *(Penstemon)*

151 Hasenlattich *(Prenanthes)*; Hohlzahn *(Galeopsis)*

152 Enzian *(Gentiana)*; Seifenkraut *(Saponaria)*; Prunkwinde *(Ipomoea)*

153 Prachtscharte *(Liatris)*; Montbretie *(Crocosmia)*

154 Nachtschatten *(Solanum)*; Hopfen *(Humulus)*

155 Koriander *(Coriandrum)*

156 Kohl-Distel *(Cirsium oleraceum)*; Karde *(Dipsacus)*

157 Gamander *(Teucrium)*

158 Klette *(Arctium)*; Chrysantheme *(Chrysanthemum)*

159 Goldrute *(Solidago)*; Becherpflanze *(Silphium)*; Sonnenauge *(Heliopsis)*

160 Spinnenpflanze *(Cleome)*

161 Hanf *(Cannabis)*

162 Herbst-Astern *(Aster)*

163 Glockenheide *(Erica tetralix)*

164 Topinambur u. Weidenblättrige Sonnenblume *(Helianthus tuberosus u. H. salicifolius)*

165 Herbst-Zeitlose *(Colchicum)*; Silberkerze *(Cimicifuga)*;

166 Chinesischer Beifuß und Wermut *(Artemisia lactiflora und A. absinthium)*

167 Krötenlilie *(Tricyrtis)*

168 Herbst-Anemonen *(Anemone)*

169 Weißer Senf *(Sinapis alba)* bei Stoppelsaat

Nektar Blütezeit und Wertzahl							Honigtau	Pollen Blütezeit und Wertzahl						
März	April	Mai	Juni	Juli	Aug	Sept		März	April	Mai	Juni	Juli	Aug	Sept
				2 2	2 2							3 3	3 3	
				2 2	2 2							2 2	2 2	
				2 2	2 2							1 1	1 1	
				1 1	1 1							3 3	3 3	
				1 1	1 1							2 2	2 2	
				4 4	4 4	4						1 1	1 1	1
				3 3	3 3	3						3 3	3 3	3
				3 3	3 3	3						3 3	3 3	3
				3 3	3 3	3						2 2	2 2	2
				3 3	3 3	3						1 1	1 1	1
				3 3	3 3	3						1 1	1 1	1
				2 2	2 2	2						1 1	1 1	1
				4 4	4 4	4 4						3 3	3 3	3 3
				3 3	3 3	3 3						4 4	4 4	4 4
				3 3	3 3	3 3						3 3	3 3	3 3
				3 3	3 3	3 3						2 2	2 2	2 2
				3 3	3 3	3 3						1 1	1 1	1 1
				2 2	2 2	2 2						2 2	2 2	2 2
				2 2	2 2	2 2						2 2	2 2	2 2
				2 2	2 2	2 2						2 2	2 2	2 2
				2 2	2 2	2 2						2 2	2 2	2 2
				2 2	2 2	2 2						1 1	1 1	1 1
				2 2	2 2	2 2						1 1	1 1	1 1
				2 2	2 2	2 2						1 1	1 1	1 1
				1 1	1 1	1 1						2 2	2 2	2 2
				1 1	1 1	1 1						1 1	1 1	1 1
				1 1	1 1	1 1						1 1	1 1	1 1
				1 1	1 1	1 1						1 1	1 1	1 1
				0 0	0 0	0 0						1 1	1 1	1 1
				4	4 4							1	1 1	
				3	3 3	3						2	2 2	2
				3	3 3	3						1	1 1	1
				2	2 2	2 2						2	2 2	2 2
				3	3 3	3 3						2	2 2	2 2
				3	3 3	3 3						1	1 1	1 1
					0 0								3 3	
					3 3	3 3							3 3	3 3
					2 2	2 2							2 2	2 2
					2 2	2 2							2 2	2 2
					2 2	2 2							2 2	2 2
					1 1	1 1							1 1	1 1
					1 1	1 1							1 1	1 1
					0 0	0 0							2 2	2 2
					2	2 2								3	3 3

Tabelle 5: Bienenweide-Fließband Gehölze

**Gehölze
deutsch (botanisch)**

 1 Winterblüte *(Chimonanthus)*; Jasmin *(Jasminium)*
 2 Seidelbast *(Daphne)*
 3 Lebensbaum *(Thuja)*; Scheinzypresse *(Chamaecyparis)*; Hasel *(Corylus)*
 4 Schneeheide und Frühjahrsheide *(Erica carnea* und *Erica*-Hybriden)
 5 Schneeforsythie *(Abeliophyllum)*
 6 Eibe *(Taxus)*; Scheinhasel *(Corylopsis)*
 7 Sal-, Kübler- u. Reif-Weide *(Salix caprea, S.* x *smithiana, S. daphnoides*)
 8 Silber-Ahorn *(Acer saccharinum)*; Zucker-Ahorn *(Acer saccharum)*
 9 Spitzblättrige Weide *(Salix acutifolia)*; Purpurweide *(Salix purpurea)*
10 Kornelkirsche *(Cornus mas*)
11 Gewöhnliche und Oregon-Stachelbeere *(Ribes uva-crispa, Ribes divaricatum)*
12 Persische, Grau- und Korbweide *(Salix aegyptiaca, S. cinerea, S. viminalis)*
13 Pappel *(Populus)*; Erle *(Alnus)*; Ulme *(Ulmus)*
14 Buchsbaum *(Buxus)*; Ysander *(Pachysandra)*
15 Ohr-, und Schwarzwerdende Weide *(Salix aurita, S. nigricans)*
16 Schlehe, Pfirsich, Kirschpflaume *(Prunus spinosa, P. persica, P. cerasifera)*
17 Garten- und Zier-Johannisbeere *(Ribes)*; Aprikose *(Prunus armeniaca)*
18 Eschen-Ahorn *(Acer negundo)*; Birke *(Betula)*
19 Vogel- und Süß-Kirsche; Sauer-Kirsche *(Prunus avium; Prunus cerasus)*
20 Silber- , Trauer- und Bruch-Weide *(Salix alba, S. babylonica* und *S. fragilis)*
21 Spitz-Ahorn *(Acer platanoides)*, Rot-Ahorn *(Acer rubrum)*
22 Haus- und Zierpflaume, Zierkirschen, Mandelbäumchen *(Prunus)*
23 Carolina- und Berg-Schneeglöckchenbaum *(Halesia carolina, Halesia monticola)*
24 Judasbaum *(Cercis siliquastrum)*; Schuppenheide *(Cassiope)*
25 Felsenbirne *(Amelanchier)*
26 Schneeball *(Viburnum)*; Mistel *(Viscum)*; Quitte *(Cydonia)*;
27 Kultur-Apfel *(Malus domestica)*
28 Zier-Äpfel *(Malus)*
29 Fünfblättrige und dreiblättrige Akebie *(Akebia quinata* und *A. trifoliata)*
30 Scheinquitte, Zierquitte *(Chaenomeles)*
31 Mahonie *(Mahonia aquifolium)*; Flieder *(Syringa)*
32 Garten-, Wild- und Chinesische Zier-Birne *(Pyrus)*
33 Esche *(Fraxinus)*; Eiche *(Quercus)*
34 Rot-Buche *(Fagus)*; Weiß-Buche *(Carpinus)*
35 Gewöhnliche Traubenkirsche *(Prunus padus)*; Echte Mispel *(Mespilus)*
36 Gewöhnliche und Rote Rosskastanie *(Aesculus hippocastanum* und *A.* x *carnea)*
37 Heidelbeere *(Vaccinium myrtillus)*; Radspiere *(Exochorda)*
38 Blauregen (Wisteria)
39 Bergahorn *(Acer pseudoplatanus)*
40 Erbsenstrauch *(Caragana arborescens)*; Amberbaum *(Liquidambar styraciflua)*

Nektar Blütezeit und Wertzahl							Honigtau	Pollen Blütezeit und Wertzahl						
März	April	Mai	Juni	Juli	Aug	Sept		März	April	Mai	Juni	Juli	Aug	Sept
1	1							1	1					
2	2	2						2	2	2				
0	0	0					H	2	2	2				
4	4	4	4					2	2	2	2			
3	3	3	3					1	1	1	1			
0	0	0	0					2	2	2	2			
	4	4	4				H		4	4	4			
	4	4	4				H		2	2	2			
	3	3	3				H		3	3	3			
	3	3	3						2	2	2			
	3	3	3				H		1	1	1			
	2	2	2				H		2	2	2			
	0	0	0				H		3	3	3			
	2	2	2						2	2	2			
	3	3	3				H		3	3	3			
	2	2	2				H		3	3	3			
	2	2	2						2	2	2			
	0	0	0				H		2	2	2			
	4	4	4	4			H		4	4	4	4		
	3	3	3	3			H		3	3	3	3		
	3	3	3	3			H		2	2	2	2		
	3	3	3	3			H		2	2	2	2		
	2	2	2	2					2	2	2	2		
	2	2	2	2					2	2	2	2		
	2	2	2	2					1	1	1	1		
	1	1	1	1					1	1	1	1		
		4	4	4			H			4	4	4		
		3	3	3			H			3	3	3		
		3	3	3						1	1	1		
		2	2	2						3	3	3		
		2	2	2						3	3	3		
		2	2	2			H			3	3	3		
		0	0	0			H			2	2	2		
		0	0	0			H			2	2	2		
		1	1	1						1	1	1		
		3	3	3	3		H			3	3	3		
		3	3	3	3					1	1	1		
		2	2	2	2	2				1	1	1	1	1
			4	4			H				2	2		
			2	2							2	2		

Gehölze
deutsch (botanisch)

41 Berberitze *(Berberis)*; Blauglockenbaum *(Paulownia)*; Perückenstrauch *(Cotinus)*
42 Strauch-Pfingstrose *(Paeonia)*; Skimmie *(Skimmia)*; Lorbeer-Kirsche *(Prunus laurocerasus)*
43 Heckenkirsche *(Lonicera)*; Ranunkelstrauch *(Kerria)*; Strahlengriffel *(Actinidia)*
44 Eberesche, Mehlbeere, Schwed. Mehlbeere, Elsbeere *(Sorbus)*
45 Weißdorn *(Crataegus)*; Feldahorn *(Acer campestre)*; Hartriegel *(Cornus)*
46 Kreuzdorn *(Rhamnus)*; Magnolie *(Magnolia)*; Amerik. Gelbholz *(Cladrastis lutea)*
47 Blumen-Esche *(Fraxinus ornus)*
48 Geißklee, Besenginster *(Cytisus)*; Goldregen *(Laburnum)*; Pfaffenhütchen *(Euonymus)*
49 Sumpf-Porst *(Ledum palustre)*; Apfelbeere *(Aronia)*; Krähenbeere *(Empetrum)*
50 Echte Himbeere *(Rubus idaeus)*
51 Rosmarin *(Rosmarinus officinalis)*
52 Spiersträucher *(Spiraea)*; Backenklee *(Dorycnium)*; Strauch-Kronwicke *(Hippocrepis)*
53 Azalee und Alpenrose *(Rhododendron)*
54 Tamariske *(Tamarix)*; Immergrün *(Vinca)*
55 Preiselbeere u. Moosbeere *(Vaccinium vitis-idaea u. V. oxycoccus)*
56 Zwergmispel *(Cotoneaster)*
57 Robinie *(Robinia)*
58 Amerikanischer Tulpenbaum *(Liriodendron tulipifera)*; Pavie *(Aesculus pavia)*
59 Ölweide *(Elaeagnus)*; Abelie *(Abelia)*
60 Spätblühende u. Virginische Traubenkirsche *(Prunus serotina, P. virginiaca)*
61 Kolkwitzie *(Kolkwitzia)*; Weigelie *(Weigela)*; Stechpalme *(Ilex)*; Feuerdorn *(Pyracantha)*
62 Warzen-Glanzmispel *(Photiana villosa)*
63 Faulbaum *(Frangula alnus)*; Pimpernuss *(Staphylea)*
64 Echte und Acker-Brombeere *(Rubus fruticosus u. R. caesius)*
65 Ginster *(Genista)*
66 Rosen *(Rosa)*
67 Salbei-Halbsträucher *(Salvia)*
68 Waldrebe *(Clematis)*
69 Walnuss *(Juglans regia)*; Holunder *(Sambucus)*
70 Sommer- und Holländische Linde *(Tilia platyphyllos* und *T. x vulgaris)*
71 Dreidornige Gleditschie *(Gleditsia triacanthos)*
72 Korkbaum *(Phellodendron)*; Weinrebe *(Vitis vinifera)*;
73 Blasenspiere *(Physocarpus)*; Wechselblättr. Sommerflieder *(Buddleja alternifolia)*
74 Essigbaum *(Rhus typhina)*
75 Esskastanie *(Castanea sativa)*
76 Götterbaum *(Ailanthus altissima)*; Unform *(Amorpha fruticosa)*; Tupelobaum *(Nyssa silvatica)*
77 Liguster *(Ligustrum)*; Fontanesie *(Fontanesia phillyreoides)*; Surenbaum *(Toona sinensis)*
78 Fiederspiere *(Sorbaria)*, Hopfenstr. *(Ptelea)*; Grauheide *(Erica cinerea)*; Buschgeißblatt *(Diervilla)*
79 Strauchehrenpreis *(Hebe)*; Stachelesche *(Zanthoxylum)*
80 Zimt- und Japanische Wein-Himbeere *(Rubus odoratus* und *R. phoenicolasius)*
81 Deutzie *(Deutzia)*; Pfeifenstrauch *(Philadelphus)*

Nektar Blütezeit und Wertzahl							Honigtau	Pollen Blütezeit und Wertzahl						
März	April	Mai	Juni	Juli	Aug	Sept		März	April	Mai	Juni	Juli	Aug	Sept
		2 2	2							1 1	1			
		2 2	2 2							2 2	2 2			
		2 2	2 2							2 2	2 2			
		2 2	2 2				H			2 2	2 2			
		2 2	2 2				H			2 2	2 2			
		2 2	2 2							1 1	1 1			
		1 1	1 1							3 3	3 3			
		1 1	1 1							2 2	2 2			
		1 1	1 1							1 1	1 1			
		4 4	4 4	4						3 3	3 3	3		
		3 3	3 3	3						1 1	1 1	1		
		2 2	2 2	2 2						2 2	2 2	2 2		
		2 2	2 2	2 2	2 2					2 2	2 2	2 2	2 2	
		1 1	1 1	1 1	1 1					1 1	1 1	1 1	1 1	
		1 1	1 1	1 1	1 1					1 1	1 1	1 1	1 1	
		4	4 4							3	3 3			
		4	4 4							2	2 2			
		3	3 3							3	3 3			
		3	3 3							1	1 1			
		2	2 2							2	2 2			
		2	2 2							2	2 2			
		1	1 1							1	1 1			
		3	3 3	3						2	2 2	2		
		3	3 3	3 3	3					3	3 3	3 3	3	
		1	1 1	1 1	1					2	2 2	2 2	2	
		2	2 2	2 2	2 2					2	2 2	2 2	2 2	
		3	3 3	3 3	3 3	3				1	1 1	1 1	1 1	1
		2	2 2	2 2	2 2	2				2	2 2	2 2	2 2	2
		0 0					H			2 2				
		4 4	4				H			1 1	1			
		4 4	4							1 1	1			
		2 2	2							2 2	2			
		2 2	2							2 2	2			
		3 3	3 3							3 3	3 3			
		3 3	3 3				H			3 3	3 3			
		3 3	3 3							2 2	2 2			
		2 2	2 2							2 2	2 2			
		2 2	2 2							2 2	2 2			
		1 1	1 1							2 2	2 2			
		3 3	3 3	3						2 2	2 2	2		
		1 1	1 1	1						1 1	1 1	1		

Gehölze
deutsch (botanisch)

82 Blasenstrauch *(Colutea arborescens)*
83 Fuchsie *(Fuchsia)*; Scheinbeere *(Gaultheria)*; Klettertrompete *(Campsis)*
84 Fingerstrauch *(Potentilla fruticosa, Potentilla-Hybriden)*
85 Seidenpflanze *(Asclepias)*
86 Thymian-Halbsträucher *(Thymus)*
87 Schnee- , Korallen- und Purpurbeere *(Symphoricarpos)*; Sonnenwende *(Heliotropium arborescens)*
88 Gewöhnlicher und Chinesischer Bocksdorn *(Lycium barbarum und L. chinense)*
89 Winter-, Krim- und Amerikan. Linde *(Tilia cordata, T x euchlora und T. americana)*
90 Trompetenbaum *(Catalpa bignonioides)*
91 Strauch-Johanniskraut *(Hypericum)*
92 Strauch-Rosskastanie *(Aesculus parviflora)*
93 Jungfernrebe, Wilder Wein *(Parthenocissus)*
94 Blasenbaum *(Koelreuteria paniculata)*
95 Baumaralie *(Kalopanax septemlobus)*; Amur-Gelbholz *(Maackia amurensis)*
96 Palmlilie *(Yucca)*
97 Sauerbaum *(Oxydendrum arboreum)*
98 Echter Lavendel *(Lavandula angustifolia)*
99 Roseneibisch *(Hibiscus syriacus)*; Berg- und Edel-Gamander *(Teucrium)*
100 Säckelblume *(Ceanothus x delilianus)*; Gewöhnl.Sommerflieder *(Buddleja davidii)*
101 Glocken-Heide *(Erica tetralix)*; Schling-Knöterich *(Fallopia baldschuanica)*
102 Engelstrompete *(Brugmansia)*; Schönfrucht *(Callicarpa)*; Scheineller *(Clethra)*
103 Eberraute *(Artemisia)*
104 Silber-Linde *(Tilia tomentosa)*
105 Japanischer Schnurbaum *(Sophora japonica)*
106 Euodia *(Tetradium daniellii)*
107 Schöne Leycesterie *(Leycesteria formosa)*
108 Clandon- und Graufilzige Bartblume *(Caryopteris x clandonensis u. C. incana)*
109 Besen-Heide *(Calluna vulgaris)*
110 Sieben-Söhne-des-Himmels-Strauch [Name in China] *(Heptacodium miconioides)*
111 Blauraute (Perovskia); Strandflieder *(Limonium)*
112 Rispen-Hortensie *(Hydrangea paniculata)*; Erdbeerbaum *(Arbutus unedo)*
113 Gemeiner Efeu *(Hedera helix)*; Angelikabaum *(Aralia elata)*

Stachelbeere

Jungfernrebe

Nektar Blütezeit und Wertzahl							Honigtau	Pollen Blütezeit und Wertzahl						
März	April	Mai	Juni	Juli	Aug	Sept	Honigtau	März	April	Mai	Juni	Juli	Aug	Sept
			3 3	3 3	3 3						2 2	2 2	2 2	
			2 2	2 2	2 2						1 1	1 1	1 1	
			2 2	2 2	2 2	2					2 2	2 2	2 2	2
			4 4	4 4	4 4	4 4					1 1	1 1	1 1	1 1
			3 3	3 3	3 3	3 3					2 2	2 2	2 2	2 2
			3 3	3 3	3 3	3 3					1 1	1 1	1 1	1 1
			2 2	2 2	2 2	2 2					2 2	2 2	2 2	2 2
			4	4 4			H				1	1 1		
			3	3 3							2	2 2		
			1	1 1	1 1	1					3	3 3	3 3	3
				3 3	3 3							3 3	3 3	
				3 3	3 3							3 3	3 3	
				3 3	3 3							1 1	1 1	
				2 2	2 2							2 2	2 2	
				1 1	1 1							1 1	1 1	
				3 3	3 3	3						2 2	2 2	2
				2 2	2 2	2						1 1	1 1	1
				3 3	3 3	3 3						1 1	1 1	1 1
				2 2	2 2	2 2						2 2	2 2	2 2
				2 2	2 2	2 2						2 2	2 2	2 2
				2 2	2 2	2 2						2 2	2 2	2 2
				3	3		H					1	1	
				4	4 4							2	2 2	
				4	4 4	4						3	3 3	3
				2	2 2	2 2						1	1 1	1 1
					4 4	4 4							4 4	4 4
					3 3	3 3							3 3	3 3
					3 3	3 3							2 2	2 2
					3 3	3 3							1 1	1 1
					2 2	2 2							2 2	2 2
					3	3 3							3	3 3

Trompetenbaum

Essigbaum

Tabelle 6: Gehölze und die auf ihnen lebenden Honigtauerzeuger

| Wirtspflanze | | Honigtauerzeuger |
deutsch	botanisch	deutsch
Ahorn	Acer spec.	Ahornschmierlaus
		Große kugelige Napfschildlaus
		Gemeine Napfschildlaus
		Feldahornborstenlaus
		Europäische Ahornborstenlaus
		Dunkle Spitzahornborstenlaus
		Bergahornborstenlaus
		Gelbbraune Spitzahornborstenlaus
		Norwegische Ahornborstenlaus
		Gemeine Ahornzierlaus
Apfelbaum	Malus spec.	Apfelblattfloh
		Grüne Apfellaus
Birnbaum	Pyrus communis	Birnblattflöhe
Birke	Betula spec.	Wollige Napfschildlaus
		Braune Birkenrindenzierlaus
		Schmale braune Rindenzierlaus
		Große Birkenzierlaus
		Dreifarbig bunte Birkenzierlaus
		Grüne Birkenzierlaus
		Blassgrüne kleine Birkenzierläuse
		Birkenmaskenlaus
Eiche	Quercus spec.	Eichenstammschildlaus
		Eichennapfschildlaus
		Schwarzglänzende Eichenrindenlaus
		Braunschwarze Eichenrindenlaus
		Eichenzierläuse
		Eichenmaskenlaus
Erle	Alnus spec.	Erlenblattfloh
		Gemeine Napfschildlaus
		Große kugelige Napfschildlaus
		Große Weidenrindenlaus
		Schmale braune Rindenzierlaus
		Erlenblattzierläuse

Honigtauerzeuger zoologisch	Vorkommen
Phenacoccus aceris Sign.	Rinde
Eulecanium coryli L.	Rinde
Eulecanium corni Bché	Rinde
Periphyllus obscurus Mamontova	Stiele von Blüten und sich öffnenden Blättern
Periphyllus testudinaceus Fernie	
Periphyllus coracinus Koch	Blätter
Periphyllus acericola Walk.	Blätter
Periphyllus aceris L.	Blätter
Periphyllus lyropictus Kessler	Blätter
Drepanosiphum platanoides Schrk.	Blätter
Psylla mali Schmidt	Junglarven: junge, sich entfaltende Blatt-büschel und Triebspitzen; ältere Larven: Blätter, Blatt- und Blüten-stiele
Aphis pomi Deg.	Sich öffnende Blattknospen
Psylla piri L.	Knospen, Stängel, Blätter, Blatt- und Fruchtstiele
Psylla piricola Först.	
Psylla pyrisuga Först.	
Pulvinaria vitis L.	Rinde
Symidobius oblongus v.Heyd.	Rinde
Chlethrobius comes Walk.	Rinde
Euceraphis punktipennis Zett.	Blätter und Triebspitzen
Callipterinella tuberculata v.Heyd.	Blätter und Triebspitzen
Callipterinella calliptera Htg.	Blätter und Triebspitzen
Betulaphis quadrituberculata Kalt.	Blätter und Triebspitzen
Betulaphis brevipilosa Börn.	Blätter und Triebspitzen
Glyphina betulae L.	Blätter und Triebspitzen
Kermes quercus L.	Borkenrisse von Stämmen
Eulecanium rufulum Ckll.	Jüngere Zweige
Lachnus longirostris Mordv.	Rinde
Lachnus roboris L.	Rinde
Tuberculoides annulatus Htg.	Blätter
Tuberculoides quercus Kalt.	Blätter
Thelaxes dryophila Schrk.	Jungtriebe, junge Früchte u. Blattstiele
Psylla alni L.	Rinde
Eulecanium corni Bché	Rinde
Eulecanium coryli L.	Rinde
Tuberolachnus salignus Gmel.	Rinde
Clethrobius comes Walk.	Rinde
Pterocallis maculata v.Heyd.	Blätter
Pterocallis alni Deg.	Blätter
Pterocallis albida Börn.	Blätter

| Wirtspflanze | | Honigtauerzeuger |
deutsch	botanisch	deutsch
Esche	*Fraxinus excelsior*	Gemeine Napfschildlaus
		Erlenmaskenlaus
		Eschenblattnestlaus
		Eschenzweiglaus
Esskastanie	*Castanea sativa*	Eichennapfschildlaus
		Edelkastanienrindenlaus
		Esskastanienzierlaus
Fichte	*Picea spec.*	Fichtennadel-Schmierlaus
		Kleine Fichtenquirlschildlaus
		Rotbraun bepuderte Fichtenrindenlaus
		Grüngestreifte Fichtenrindenläuse
		Graugrün gescheckte Fichtenrindenlaus
		Große Schwarze Fichtenrindenlaus
		Stark bemehlte Fichtenrindenlaus
Hainbuche	*Carpinus betulus*	Gemeine Napfschildlaus
		Große kugelige Napfschildlaus
		Hainbuchenzierlaus
Haselnuss	*Corylus avellana*	Gemeine Napfschildlaus
		Große kugelige Napfschildlaus
		Haselnusszierlaus
Kiefer	*Pinus spec.*	Schlanke, flinke Kiefernnadellaus
		Breite bemehlte Kiefernnadellaus
		Große braune Kiefern- oder Latschenrindenlaus
		Gelbbraun gepanzerte Schwarzkiefernrindenlaus
		Neuberger Latschenrindenlaus
		Bronzefarbene Kiefernwipfellaus
		Schlanke, schwarzgraue Kiefern- oder Latschenrindenlaus
Kirsche	*Prunus spec.*	Schwarze Sauerkirschenlaus
Lärche	*Larix decidua*	Gefleckte, warzig-borstige Lärchenrindenlaus
		Graubraune Lärchenrindenlaus
		Große Lärchenrindenlaus
Pappel	*Populus spec.*	Gemeine Napfschildlaus
		Große kugelige Napfschildlaus
		Wollige Napfschildlaus
		Pappelborstenlaus
		Pappelröhrenlaus
Pfirsich	*Prunus persica*	Mehlige Pfirsichblattlaus
		Schwarzgefleckte Pfirsichblattlaus
		Grüne Pfirsichblattlaus
Pflaume	*Prunus domestica*	Gemeine Napfschildlaus
		Große Pflaumenblattlaus

Honigtauerzeuger

zoologisch	Vorkommen
Eulecanium corni Bché	Rinde
Glyphina schrankiana Börn.	Grüne Triebenden
Prociphilus fraxini Geoffr.	Junge Blätter u. Blattstiele
Prociphilus bumeliae Schrk.	Junge Blätter u. Blattstiele
Eulecanium rufulum Ckll.	Jüngere Zweige
Lachnus longipes Dufour	einjähr. u. älteres Holz
Myzocallis castanicola Bak.	Blätter
Paroudablis piceae Löw.	Nadeln
Physokermes hemicryphus Dalm	Zweiggabelungen
Cinara pilicornis Htg.	Rinde
Cinara piceicola Chol.	Rinde
Cinara stroyani Pasek	Rinde
Cinara bogdanowi Mordv.	Rinde
Cinara piceae Panz.	Rinde
Cinara costata Zett.	Rinde
Eulecanium corni Bché	Rinde
Eulecanium coryli L.	Rinde
Myzocallis carpini Koch	Blätter
Eulecanium corni Bché	Rinde
Eulecanium coryli L.	Rinde
Myzocallis coryli Goeze	Blätter
Eulachnus agilis Kalt.	Nadeln
Schizolachnus pineti F.	Nadeln
Cinara pinea Mordv.	Rinde
Cinara brauni Börn.	Rinde
Cinara neubergi Arnh.	Rinde
Cinara nuda Mordv.	Rinde
Cinara pini L.	Rinde
Myzus cerasi F.	Stammausschläge, Jungbäume
Cinara laricis Htg.	Rinde
Cinara boerneri H.R.L.	Rinde
Cinara kochiana Börn.	Rinde
Eulecanium corni Bché	Rinde
Eulecanium coryli L.	Rinde
Pulvinaria vitis L.	Rinde
Chaitophorus populeti Panz.	Rinde
Pterocomma populeum Kalt.	Rinde
Hyalopterus amygdali Blanch.	Blätter
Brachycaudus schwartzi Börn.	Blätter
Myzus persicae Sulz.	Blätter
Eulecanium corni Bché	Rinde
Brachycaudus cardui L.	Stammmütter: Knospen; F-Generationen: Blätter

| Wirtspflanze | | Honigtauerzeuger |
deutsch	botanisch	deutsch
		Mehlige Pflaumenblattlaus
Lebensbaum	*Thuja occidentalis*	Lebensbaumnapfschildlaus
		Lebensbaumrindenlaus
Linde	*Tilia spec.*	Große kugelige Napfschildlaus
		Lindenzierlaus
Rotbuche	*Fagus sylvatica*	Buchenrindenlaus
		Wollige Buchenzierlaus
Ulme	*Ulmus spec.*	Ulmenblattfloh
		Ulmenwollschildlaus
		Gemeine Napfschildlaus
		Ulmenblattlaus
Wacholder	*Juniperus spec.*	Wacholderrindenlaus
Walnussbaum	*Juglans regia*	Gestreifte Waldnusszierlaus
Weide	*Salix spec.*	Große Weidenrindenlaus
		Große Weidenborkenlaus
		Graubraune Weidenröhrenlaus
		Bunte Weidenröhrenlaus
Weißtanne	*Abies alba*	Kleine Fichtenquirlschildlaus
		Grüne Tannenhoniglaus
		Große Schwarze Fichtenrindenlaus
		Große Fichtenquirlschildlaus
Zirbelkiefer	*Pinus cembra*	Dunkle Zirbelrindenlaus

Berg-Ahorn

Fichte

Honigtauerzeuger zoologisch	Vorkommen
Hyalopterus pruni Geoffr.	Blätter; Schilf als Sommerwirt
Eulecanium fletcheri Ckll.	Zweigunterseite
Cinara juniperina Mordv.	Nadelunterseiten, Zweige, Äste
Eulecanium coryli L.	Rinde
Eucallipterus tiliae L.	Blätter
Lachnus pallipes Htg.	Rinde
Phyllaphis fagi L.	Blätter und Triebspitzen
Psylla ulmi Frst.	Blätter
Eriococcus spurius Mod.	Rinde
Eulecanium corni Bché	Rinde
Eriosoma ulmi L.	Blätter
Cinara juniperi Deg.	Rinde
Callaphis juglandis Goeze	Blätter
Tuberolachnus salignus Gmel.	Rinde
Stomaphis longirostris F.	Rindenrisse
Pterocomma pilosum Bckt.	Rinde, Triebspitze
Pterocomma salicis L.	Grüne Rinde
Physokermes hemicryphus Dalm	Rinde
Cinara pectinatae Nördl.	Rinde
Cinara piceae Panz.	Rinde
Physokermes piceae Schrk.	Rinde
Cinara cembrae Chol.	Rinde

Haselnuss

Literaturverzeichnis

AICHELE, D., GOLTE-BECHTLE, M. (1986): Was blüht denn da? Kosmos Verlag Stuttgart

AICHELE, D. (2004): Was blüht denn da? Der Fotoband. Kosmos Verlag Stuttgart

AICHELE, D., SCHWEGLER, H.-W. (2004): Die Blütenpflanzen Mitteleuropas. Kosmos Verlag Stuttgart

ALBRECHT, H.-J., PRITSCH, G. (1988): Bienenweidegehölze. VE Kombinat Pflanzenzüchtung und Saatgutwirtschaft Quedlinburg

BANFI, E., CONSOLINO, F. (2003): Bäume. Kaiser Verlag Klagenfurt

CHEERS, G. [Herausg.] (1998): Botanica. Könemann Verlag Köln

DENGG, O. (1953): Kleiner Blüten-Trachtweiser. Liedloff, Loth & Michaelis Leipzig

FOSSEL, A., PECHHACKER, H. [Herausg.] (2000): Bienen und Blumen. Eigenverlag Lunz am See

HODGES, D. (1952): The Pollen Loads of the Honeybee. Bee Research Association Limited London

HÖHN, R. (1990 – 2006): Das Pflanzenporträt (Serie). Neue Bienenzeitung (1990–1992). Deutsches Bienen Journal (1993–2006)

JABLONSKI, B., KOLTOWSKI, Z. (2001–2005): Nektar secretion and honey potential plants under Poland's conditions (Serie). Journal of Apicultural Science 45–49

KOLTOWSKI, Z. (2006): Wielki Atlas Roslin Miododajnych. Rzeczpospolita, Warszawa

JAESCH, B. (2005): Immengarten-Sortiment. Springe-Benningsen

KIRK, W.D.J. (1994): Ein Farbenführer für die Pollenhöschen der Honigbiene. International Bee Research Association Cardiff

MAURIZIO, A., SCHAPER, F. (1994): Das Trachtpflanzenbuch. Ehrenwirth-Verlag München

MAYER, J., SCHWEGLER, H.-W. (2002): Welcher Baum ist das? Kosmos Verlag Stuttgart

MEYERHOFF, G. (1955): Bäuerliche Bienenweide. Deutscher Bauernverlag Berlin

PHILLIPS, R. (2004): Bäume. Kosmos Verlag Stuttgart

PRITSCH, G. (1959): Verbesserung der Bienenweide. Deutscher Bauernverlag Berlin

PRITSCH, G. (1961 – 1968): Unser Pflanzenporträt (Serie). Leipziger Bienenzeitung vereinigt mit Deutsche Imkerzeitung (1961-1962). Garten und Kleintierzucht – Ausgabe C für Imker (1962–1968)

PRITSCH, G. (1985): Bienenweide. VEB Deutscher Landwirtschaftsverlag Berlin/Lizenz: Verlag J. Neumann-Neudamm, Melsungen

ROGERS, J., SCARLET, K. [Herausg.] (2002): Garten Enzyklopädie. Verlagsgruppe Weltbild Augsburg

SEYFFERT, W. (1981): Stauden. VEB Deutscher Landwirtschaftsverlag Berlin

THROLL, A. (2005): Was blüht im Garten? Kosmos Verlag Stuttgart

ZANDER, R., ENCKE F., BUCHHEIM G., SEYBOLD S., ERHARDT W., GÖTZ E., BÖDEKER N. (2002): Handwörterbuch der Pflanzennamen. Ulmer Verlag Stuttgart

Zum Weiterlesen

Imkerwissen kompakt

Diese Bücher richten sich an Einsteiger sowie Fortgeschrittenen und erklären Schritt für Schritt die einzelnen Arbeitsvorgänge in der Imkerei.

Bentzien, Claudia: **Ökologisch Imkern**. Einfach imkern nach den Regeln der Natur. Kosmos, Stuttgart 2006

Bienefeld, Kaspar: **Imkern Schritt für Schritt**. Für Einsteiger und Jungimker. Kosmos, Stuttgart 2005

Pohl, Friedrich: **1 mal 1 des Imkerns**. Kosmos, Stuttgart 2003

Weiß, Karl: **Der Wochenend-Imker**. Kosmos, Stuttgart 2003

Auf einen Blick

Wer schnell einen Fachbegriff nachschlagen oder sich über ein Thema informieren will, ist mit dem lexikalischen Nachschlagewerk gut beraten. Von A wie Apis bis Z wie Zander werden alle wichtigen Begriffe erklärt.

Droege, Giesela: **Die Honigbiene**. Ein lexikalisches Fachbuch von A bis Z. Dt. Landwirtschaftsverlag, München 1993

Bienen in aller Welt

Wer mehr über Bienenarten und -rassen in aller Welt und über die Strukturen eines Bienenstaates wissen möchte, findet einen unerschöpflichen Reichtum an Informationen in diesem Buch.

Ruttner, Friedrich: **Naturgeschichte der Honigbienen**. Kosmos, Stuttgart 2003

Bienenzucht

Der Erfolg eines Bienenstaates hängt von der Königin ab. Ohne Königin kann kein Staat überleben. Deshalb ist es wichtig, gesunde und leistungsstarke Königinnen zu züchten.

Tiesler, Karl-Friedrich und Eva Engbert: **Aufzucht, Paarung und Verwertung von Königinnen**. Ehrenwirth, München 1989

Weiß, Karl: **Zuchtpraxis**. Ehrenwirth, München 1997

Bienenkrankheiten

Die Bienengesundheit ist Vorraus-
setzung für den imkerlichen
Erfolg. Schützen Sie Ihr Volk
durch Vorbeugung, eine frühe
Diagnose und effektive Behandlung.

Pohl, Friedrich: **Bienenkrankhei-
ten**. Diagnose und Behandlung.
Kosmos, Stuttgart 2005

Honig

Die Bienenhaltung fasziniert
nicht nur durch die Vorgänge im
Bienenstock, sondern belohnt die
Arbeit durch leckeren Honig.
Alles über Honig, dessen Gewinnung und Verarbeitung finden Sie
in diesem Buch.

Horn, Helmut und Cord Lüll-
mann: **Das große Honigbuch**.
Kosmos, Stuttgart 2002

(alle Titel des Ehrenwirth-Verla-
ges, so wie den Titel Droege, Die
Honigbiene erhalten Sie beim
Kosmos-Verlag)

Bienenzeitschriften

Deutsches Bienenjournal
www.bienenjournal.de

Allgemeine Deutsche Imkerzeitung (ADIZ)
www.adiz-online.de

Imkerfreund
www.imkerfreund.de

die biene
www.diebiene.de

Schweizerische Bienenzeitung
www.swissbee.ch

Bienen aktuell
www.imkerbund.at

Adressen

Deutscher Imkerbund e. V.
(D.I.B.)
Villiper Hauptstr. 3
53343 Wachtberg
Tel. (02 28) 32 10 06
Fax (02 28) 32 10 09
deutscherimkerbund@t-online.de
www.deutscherimkerbund.de

Die Landesverbände finden Sie
ebenfalls auf der Internetseite.

Österreichischer Imkerbund
Georg-Coch-Platz 3/11a
A-1010 Wien
www.imkerbund.at

Institute für Bienenkunde

Deutschland

Niedersächsisches Landesamt für
Verbraucherschutz
und Lebensmittelsicherheit
(LAVES)
Institut für Bienenkunde Celle
Herzogin-Eleonore-Allee 5
D-29221 Celle
www.bieneninstitut.de

Länderinstitut für Bienenkunde
Hohen Neuendorf e.V.
Friedrich-Engels-Str. 32
D-16540 Hohen Neuendorf
Internet: www.honigbiene.de

Hessisches Dienstleistungs-
zentrum für
Landwirtschaft, Gartenbau und
Naturschutz
Bieneninstitut Kirchhain
Erlenstrasse 9
D-35274 Kirchhain
www.bieneninstitut-kirchhain.de

Fachzentrum Bienen und Imkerei
Rheinland-Pfalz
Im Bannen 38–54
D-56727 Mayen
www.bienenkunde.rlp.de

Landwirtschaftskammer Nord-
rhein-Westfalen
Referat 41 Tierproduktion
Nevinghoff 40
D-48147 Münster
www.landwirtschaftskammer.de/
fachangebot/bienenkunde

Landesanstalt für Bienenkunde an
der Universität Hohenheim
August-von-Hartmann-Str. 13
D-70593 Stuttgart
www.uni-hohenheim.de/
bienenkunde

Bayerische Landesanstalt für
Weinbau und Gartenbau
Fachzentrum Bienen
An der Steige 15,
D-97209 Veitshöchheim
www.lwg.bayern.de

Österreich

Bundesamt und Forschungszen-
trum für Landwirtschaft
Institut für Bienenkunde
Spargelfeldstr. 191
A-1226 Wien

Österreichische Agentur für
Gesundheit und Ernährungs-
sicherheit GmbH (AGES)
Institut für Bienenkunde
A-3293 Lunz am See

Schweiz

Schweizerisches Zentrum für
Bienenforschung in der For-
schungsanstalt für Milchwirt-
schaft (FAM)
Schwarzenburgstr. 161
CH-3003 Bern
www.apis.admin.ch

Register

Die Zahlen in Klammern beziehen sich auf die Zeilenzahl auf der jeweiligen Seite.

Umschlaggestaltung von eStudio Calamar
unter Verwendung von elf Aufnahmen von
Günter Pritsch.

Mit 238 Farbfotos und 97 Zeichnungen

Bildnachweis

Fotos von Toni Angermeyer (4: S. 27, 28, 29
beide) und von Bettina Paulisch (1: S. 58).
Alle weiteren von Günter Pritsch.

Illustrationen von Marianne Golte-Bechtle.

Unser gesamtes lieferbares Programm und viele
weitere Informationen zu unseren Büchern,
Spielen, Experimentierkästen, DVDs, Autoren und
Aktivitäten finden Sie unter **www.kosmos.de**

Gedruckt auf chlorfrei gebleichtem Papier

© 2007, Franckh-Kosmos Verlags-GmbH
& Co. KG, Stuttgart
Alle Rechte vorbehalten
ISBN 978-3-440-10481-1
Redaktion: Claudia Salata
Produktion: Kirsten Raue und Eva Schmidt
Gestaltung: TypoDesign, Kist
Printed in The Czech Republic /
Imprimé en République Tchéche

Natürlich und ertragreich Imkern

Claudia Bentzien
Ökologisch Imkern
124 Seiten, 168 Abbildungen
€/D 19,95; €/A 20,60; sFr 34,80
Preisänderung vorbehalten
ISBN 978-3-440-09546-1

- Bienen halten im Einklang mit der Natur.

- Claudia Bentzien zeigt die Arbeitsweise der ökologischen Imkerei und den natürlichen Umgang mit den Bienen.

- Gesunde Honigprodukte schonend herstellen und richtig vermarkten.

www.kosmos.de

KOSMOS

Imkern –
der Einsteigerkurs

Kaspar Bienefeld (Hrsg.)
Imkern Schritt für Schritt
96 Seiten, 171 Abbildungen
€/D 14,95; €/A 15,40; sFr 26,40
Preisänderung vorbehalten
ISBN 978-3-440-09751-9

- Wann ist Hochsaison im Bienenstock, was machen die Bienen im Winter und wann erntet man den Honig?

- *Imkern Schritt für Schritt* zeigt das vielfältige Leben der Honigbienen und ermöglicht einen einfachen Einstieg in die Praxis der Bienenhaltung.